实用家居防水100问

主　编　宋敦清

副主编　张　科　韦仕勋　韦锦长

　　　　杨　俊　韦庆楼　莫尉美

暨南大学出版社
JINAN UNIVERSITY PRESS

中国·广州

图书在版编目（CIP）数据

实用家居防水 100 问/宋敦清主编．—广州：暨南大学出版社，2018.12
ISBN 978 - 7 - 5668 - 2542 - 1

Ⅰ.①实…　Ⅱ.①宋…　Ⅲ.①住宅—室内装修—防水—问题解答　Ⅳ.①TU761.1 - 44

中国版本图书馆 CIP 数据核字（2018）第 293050 号

实用家居防水 100 问
SHIYONG JIAJU FANGSHUI 100 WEN
主　编　宋敦清

出 版 人　徐义雄
策划编辑　黄　球
责任编辑　康　蕊
责任校对　曾小利
责任印制　汤慧君　周一丹

出版发行　暨南大学出版社（510630）
电　　话　总编室（8620）85221601
　　　　　　营销部（8620）85225284　85228291　85228292（邮购）
传　　真　（8620）85221583（办公室）　85223774（营销部）
网　　址　http：//www.jnupress.com
排　　版　广州市天河星辰文化发展部照排中心
印　　刷　广州市穗彩印务有限公司
开　　本　787mm×1092mm　1/16
印　　张　12
字　　数　172 千
版　　次　2018 年 12 月第 1 版
印　　次　2018 年 12 月第 1 次
定　　价　49.80 元

前　言

建筑物的防水功能是体现建筑物竣工后其使用功能的重要指标之一，高质量的建筑物，至少在工程竣工后的防水保修年限内是不应出现渗漏现象的。但现实生活中，工程竣工后交付的家庭住房在防水保修年限内出现渗漏的几率非常大。相关权威报道指出，65%的新建房屋在一年到两年后会出现渗漏现象，65%的建筑防水工程在六年到八年后要翻新重做。据统计，我国的存量房现已超过500亿平方米，其中80%的房屋是五年以前建成的，随之而来的房屋翻修堵漏将迎来爆发式的增长，十年内存量房的翻修防水需求占比可能达15%以上。家庭住房一旦发生渗漏，不但腐蚀家具、家电，也容易滋生细菌，影响居住者的健康和房屋的耐久性，甚至还会造成人员伤亡和重大的经济损失，因此，做好家庭住房渗漏的防治及处理显得尤为重要。

随着人们生活水平的日益提高，人们对家居防水开始有了更多的认识和重视。本书通过搜集日常生活中常见的家居防水问题，结合实际进行编写，切实解答，方便相关人士查阅。全书对家居防水100问进行了分类，包括家居防水概述、家居防水材料、家居防水施工和家装补漏四个章节。本书可为广大防水工程的施工人员提供家居防水相关知识指导，帮助他们今后在碰到相同的问题时，能及早地预见问题、发现问题和解决问题。

宋敦清
2018年9月

实用家居防水100问

目录 contents

第一章

家居防水概述

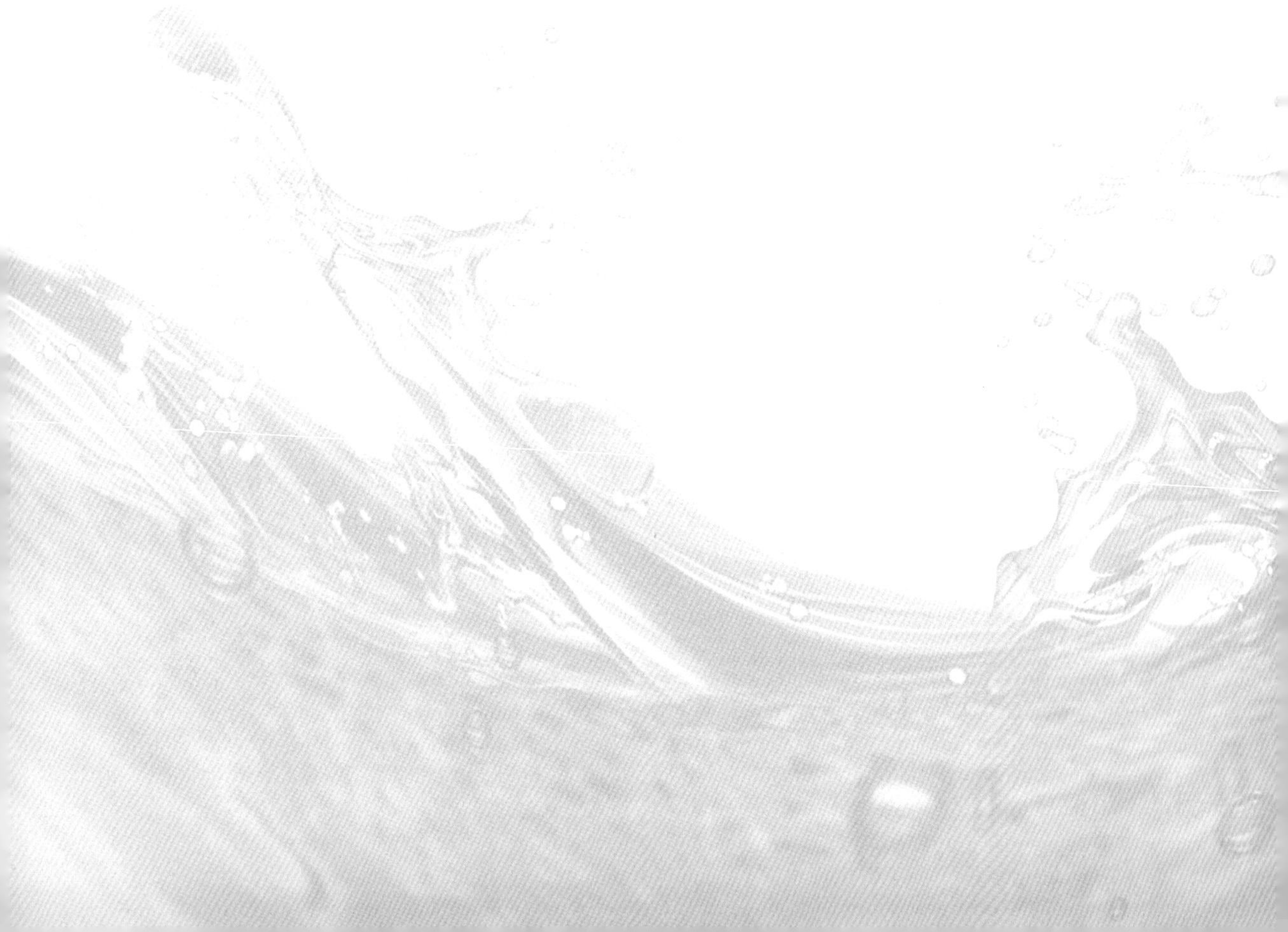

1. 什么是家居防水？

广义的家居防水包括屋面防水、墙体防水、室内防水和地下室防水，狭义的家居防水指厨房部位、卫生间部位和阳台部位的防水。

（1）屋面防水。

屋面防水应做好防水和排水工作，以维护室内正常环境，免遭雨雪侵蚀。屋面防水按屋面形式分为平屋面防水和坡屋面防水；按屋面材料分为混凝土屋面防水、钢结构屋面防水、瓦屋面防水和其他形式屋面防水；按防水材料分为柔性防水、刚性防水和复合防水。

（2）墙体防水。

墙体防水是保证建筑物结构不受水的侵蚀、内部空间不受水的危害的一项分部防水工程，墙体防水工程在整个建筑工程中占有重要的地位。墙体防水的功能是保证建筑物在设计耐久年限内，免遭雨水、生活用水渗漏和地下水侵蚀，确保建筑结构、内部空间不受到污损，为人们提供一个舒适和安全的生活环境。

（3）室内防水。

室内防水是家居防水的重点，通常包括卫生间部位、厨房部位和阳台部位等的防水，国家法律规定的在交房之前，房屋内每个卫生间都要做好防水工作。厨房和卫生间是特殊的地方，是长期接触用水的场所，为了避

免装修过程中对防水层造成破坏以及导致邻里关系的不和睦，必须对厨房和卫生间做相应的防水施工。

（4）地下室防水。

地下室防水按其采用的措施不同，分为结构自防水和材料防水两大类。其中，结构自防水是以调整砼配合比或掺外加剂的方法来提高砼的密实度、抗渗性和抗蚀性，满足设计对地下建筑的抗渗要求，达到防水的目的；而材料防水是指依靠防水材料，经过施工形成整体封闭的防水层，阻止水的通路，达到防水的目的或增强抗渗漏水的能力。结构自防水具有施工简便、工期短、造价低、耐久性好、耐冻融性好、耐侵蚀等优点，是地下建筑防水工程的一种主要方法。材料防水按使用的材料不同，分为卷材防水和涂料防水。地下室防水一般采用卷材防水作为辅助防水。从工程造价及所需的劳动量来分析，地下室防水在整个地下室施工中所占的比重不大，但地下室防水质量的好坏，直接关系到建筑的使用和功能，关系到主体建筑的质量和安全，同时也关系到人民的生命财产安全。

2. 家居防水现状如何？

防水行业作为建材行业的一部分，目前正处于高速发展时期，随着国家经济的快速发展、基础设施建设的规模扩大、房地产市场的日益兴旺及国家政策法律的扶持，建材行业进入高速发展阶段，防水行业也因此迎来了高速发展的契机。

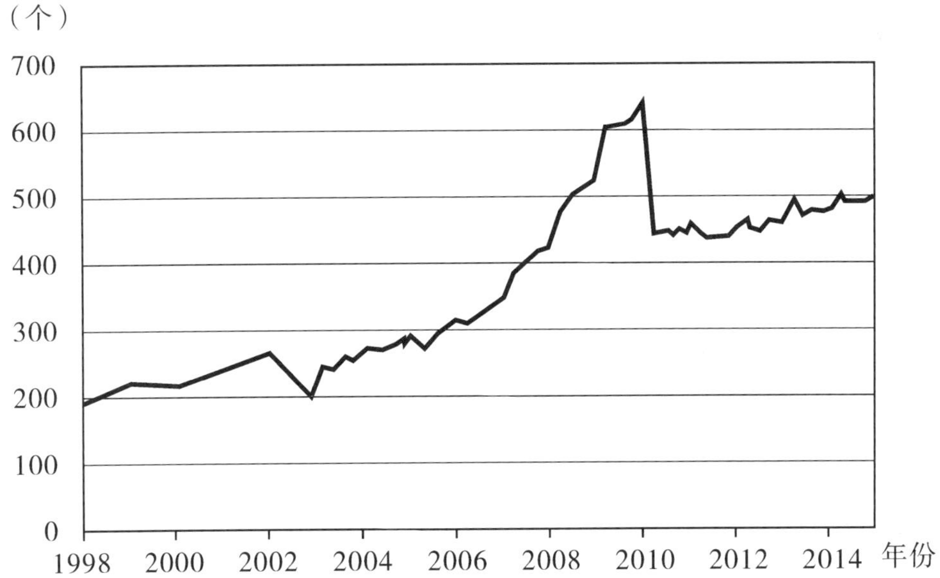

规模以上建筑防水材料生产企业数目

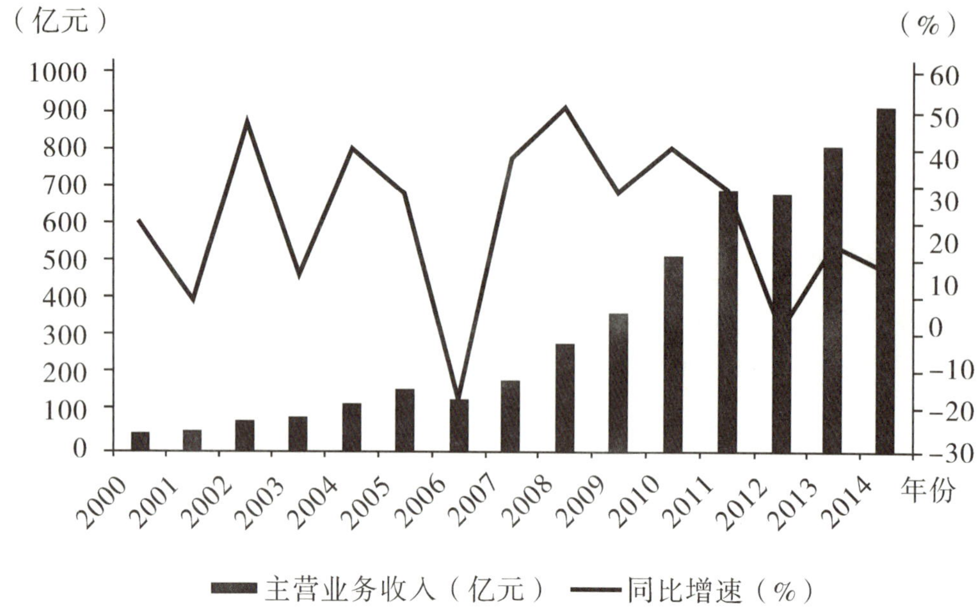

规模以上建筑防水材料生产企业主营业务收入情况

但是，我国防水行业当前还处于一个产业集中度低、市场竞争不规范不成熟阶段，呈现“大行业、小企业”的格局。据中国建筑防水协会调查统计，截至 2013 年底，中国拥有生产许可证的建筑防水材料生产企业有 1400 家，没有生产许可证的企业达 500 多家。截至 2015 年 10 月，主营业务收入达 2000 万元规模以上的建筑防水材料生产企业仅有 496 家，行业排名前 10 的企业其市场占有率不到 10%。国家统计局对全国 496 家主营业务收入高于 2000 万元的建筑防水材料生产企业进行统计，结果显示，2015 年 1 月至 11 月，防水行业成长性显著高于建材行业平均水平，在这一统计时间段内，建筑防水材料生产企业累计主营业务收入达 835.3 亿元，增幅高于全国建材行业。

未来几年，监管政策和下游需求两大因素会驱使防水行业的集中度加速提升。从 2009 年开始，国家工信部、发改委等部门相继出台多项政策，从发布产品标准、淘汰落后产能、颁布生产许可证、公布行业准入条件等多个角度，全方位提高行业门槛，引导小企业退出竞争，从而改善竞争环境。伴随消费升级的大潮流，下游大型房地产商对建筑防水的把控也愈发严格，有品牌、高品质的建筑防水产品和施工服务将受到市场青睐。“十三五”期间，高铁建设、公路基建和轨道交通等系统会有新的增长，从而带动防水材料市场需求。同时，防水行业还将受益于海绵城市建设带来的基建防水需求增长和存量房屋翻修带来的防水需求。

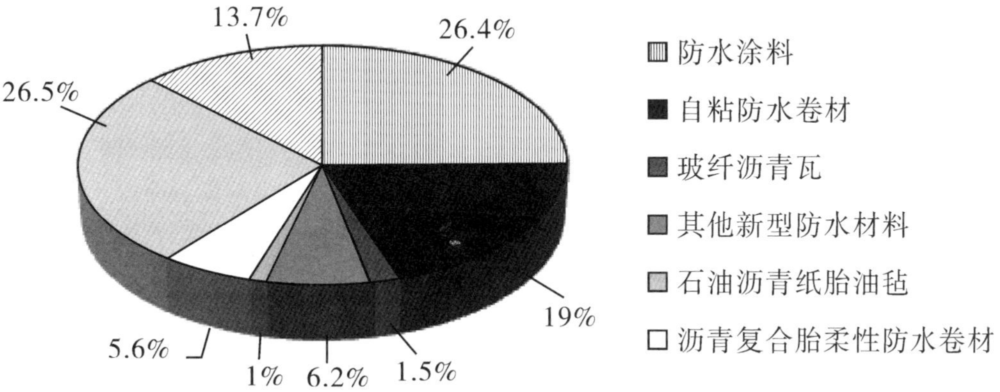

2014 年主要建筑防水材料产品结构

家居防水行业作为防水行业的分支，相对于工程防水行业来说，还处在发展初期，空间大、机遇多，并且随着人们生活水平的日益提高，人们在居家生活中，对防水开始有了更多的重视，这为家居防水行业带来了广阔的市场前景，使其迎来了新的发展机遇。例如渗漏维修，据统计，存量房屋总面积现已超过 500 亿 m^2，其中 80% 是 5 年以前建成的，因此，随之而来的房屋翻修将迎来爆发式的增长；2014 年房屋翻修对防水的需求仅占总需求的 5. 8%，2015 年起占比快速提升，预计 10 年内存量房屋翻修的防水需求占比有望提升 15% 以上。

尽管家庭装修越来越受关注，但是还存在较多问题，主要表现为防水产品品牌和种类繁多，面对建材市场里各种刚性的、柔性的、单组分的、双组分的、普通型的、加强型的防水产品，以及许多号称是著名品牌、驰名商标、媒体上榜品牌的防水产品，作为非专业的消费者无法做出正确的购买决定。

之所以出现这种局面，首先是因为家居防水行业具有良好的市场前景，但我国监管机制滞后。据最新统计，近几年国内生产、销售家居防水材料的企业已达数百家，但许多“半路出家”的生产企业未必具备专业水准，产品质量不合格。而由于家居防水行业相比其他传统建材行业而言是新兴行业，相关国家标准及行业规范正在陆续出台中，市场监管尚未到位，以致这些不合格企业有很大的可乘之机。另外，企业管理运营机制不完善，消费者对行业认知度低，也是造成家居防水行业市场混乱的原因。家居防水行业发展仅十余年，行业内企业均在摸索中前进。特别是一些非专业的企业，产品本身的研产销体系不完善，更不用说渠道终端的统一和规范了。即使是合格的专业产品，其终端服务人员亦难以为消费者提供专业的顾问服务和施工指导，售后服务更无从谈起，令消费者一头雾水、顾虑重重的情况自然在所难免。

由于防水产品生产技术工艺较为简单，市场利润可观，一些根本不具备生产资格的厂家、经销商偷工减料，大肆生产、销售劣质防水材料，导致品种繁多的劣质产品充斥市场，直接危害了业主的利益，也严重扰乱了整个防水材料市场，一些坚持保证产品质量的防水企业其产品难以进入当地市场。而我国家居防水行业发展历史很短，传播的资讯也很有限，消费者对行业、产品、品牌及相关标准的了解较少，缺乏自主判断能力。因此，选购品牌和产品时只能道听途说，有时甚至是听泥水师傅和店主的一面之词，为不法企业和商家提供了土壤，给自己的家庭装修带来了渗漏的危害甚至安全隐患。

3. 家居防水工程有哪些相关规范和标准？

家居防水工程执行的规范和标准一般包含家居防水工程规范、规程和应用于家居防水工程中的材料所对应的产品执行标准。

现今，家居防水工程执行的规范、规程主要有：

GB 50345—2012《屋面工程技术规范》

GB 50207—2012《屋面工程质量验收规范》

GB 50108—2008《地下工程防水技术规范》

GB 50208—2011《地下防水工程质量验收规范》

JGJ 155—2013《种植屋面工程技术规程》

JGJ/T 212—2010《地下工程渗漏治理技术规程》

JGJ/T 235—2011《建筑外墙防水工程技术规程》

JGJ 298—2013《住宅室内防水工程技术规范》

DBJ 151997《广东省建筑防水工程技术规程》

JGJ 102—2003《玻璃幕墙工程技术规范》

常用家居防水材料及对应的产品执行标准

序号	防水材料名称	执行标准	标准号
1	聚氨酯防水涂料	《聚氨酯防水涂料》	GB/T 19250—2013
2	丙烯酸高弹防水涂料	《聚合物乳液建筑防水涂料》	JC/T 864—2008
3	聚合物水泥（JS）防水涂料	《聚合物水泥防水涂料》	GB/T 23445—2009
4	柔韧型 K11 防水涂料	《聚合物水泥防水涂料》	GB/T 23445—2009
5	通用型 K11 防水浆料	《聚合物水泥防水浆料》	JC/T 2090—2011
		《聚合物水泥防水砂浆》	JC/T 984—2011
6	水泥基渗透结晶型防水涂料	《水泥基渗透结晶型防水材料》	GB 18445—2012

（续上表）

序号	防水材料名称	执行标准	标准号
7	堵漏王、堵漏灵等	《无机防水堵漏材料》	GB 23440—2009
8	自粘防水卷材	《自粘聚合物改性沥青防水卷材》	GB 23441—2009

此外，应用于室内家居防水工程的防水材料还要满足 JC 1066—2008《建筑防水涂料中有害物质限量》标准中对有害物质含量限制的要求。

4. 家居防水工程的保修期是多长时间？

建设工程保修期是指在正常使用条件下，建设工程的最低保修期限。根据相关标准和规范的要求，现今防水工程实行5年保修期制，家居防水工程在保修范围和保修期限内发生质量问题的，施工单位应当履行保修义务，并对造成的损失承担赔偿责任。保修期是从竣/交工验收合格后即日起计算。

国外发达国家常实行防水工程保证期制，并引入防水工程保险，施工单位在承接防水工程时，应对施工质量购买防水工程保险，缴纳保费，如防水工程发生渗漏，保险公司将根据保单条款向业主进行赔偿；同时保险公司须重新评估防水施工单位信用等级，在其下次购保时，提高保费。

国内的防水工程保修期制已趋于落后，无形中给防水工程包括家居防水工程的渗漏现象埋下了制度隐患——允许渗漏，责任方承担返修或赔偿责任即可。国家及行业相关部门已经注意到这个问题，在相关标准和规范的修编过程中逐渐将防水工程保修期制向防水工程保证期制过渡，同时，防水行业中的部分防水施工企业也开始自行承诺5年至10年无渗漏保证。

此外，部分企业还积极与保险公司合作，坚持自律，为行业健康发展提出更高的自我要求。

5. 家居防水有哪些误区？

第一，开发商在交付房子的时候已经做过防水了，业主在家庭装修的时候就不用再做防水。

很多新房的业主都认为，开发商已经做过防水，装修的时候就没必要花钱再做一次，殊不知开发商做的防水大部分都是为了应付验收，使用材料往往质量较差、耐久年限较短，再加上新房装修过程中的水、电和管道改造很容易破坏原有的防水层，从而失去防水作用，所以家庭装修很有必要做好二次防水。

第二，只要做了闭水试验，就说明防水肯定没问题。

有些房子不需要做防水也能通过闭水试验，但是随着建筑物的沉降及混凝土的“龟缩”，地面及墙面开始出现裂纹，会不可避免地出现渗漏及返潮。而且，闭水试验只能检测防水层有没有孔隙，不能验证防水层的厚度和耐久年限，加上闭水试验的时间长短不同，对验证防水层的抗压和抗渗性都有不同的影响。

第三，防水反正看不到，越便宜越好。

很多业主都愿意在墙面装潢上投入更多的钱，因为第一视觉更可观，但对于隐蔽的防水材料却比较吝啬，忽视防水效果和使用年限，只注重防水材料的价格。

殊不知，不同的防水材料，其防水性能和使用年限都是大不相同的，便宜的材料仅能保证 2 到 3 年不渗漏，而好的材料其使用年限跟房屋是同寿命的，只要不破坏，是可以保证长期不渗漏的。防水是隐蔽工程，完成后是隐藏在瓷砖和地面之下的，一旦出现渗漏，很难进行维修，最终的结果只能是把地面和瓷砖砸了，重新做防水，浪费时间和精力不说，总的费用算下来可能是当初的几倍。

第四，防水只做地面就行了，墙面做不做没有关系。

很多人认为地面会接触到明水，必须做防水，而墙面不经常接触明水，一般都只做 30cm 高的防水或是干脆不做，其实这种观点并不正确。一方面，现在的墙体都不再是混凝土浇筑而成，而是采用空心砖或加气砖砌成的，材料本身吸水率就比较高；另一方面，使用卫生间淋浴时，经常会有水花飞溅，水汽易渗入墙体，时间一长容易造成墙体返潮和霉变，更严重的还能引起墙面装饰层涂料或面砖剥落等问题，因此，非淋浴墙一般要做到 1.5m 高的防水，而淋浴墙至少要做到 1.8m 高才能有保障。

6. 常见家装渗漏现象有哪些?

建筑物渗漏将直接影响建筑物的使用寿命，同时给人们的生活带来不便，严重情况将造成财产损失等。如今，我国建筑物渗漏状况十分严峻，目前每年仅花费在房屋渗漏维修方面的费用就高达 20 亿元。渗漏问题如果不解决，对新建的建筑物所造成的渗漏损失，将是不可估量的。因此，建筑防水不仅关系到业主的居住品质，更关系到建筑安全及建筑寿命。此外，如果不选择好的防水材料，不重视防水施工，导致渗漏，重新补做防水的造价则是装修之前做防水的 5 到 10 倍。防水工程是隐蔽工程，目前，假冒伪劣产品充斥市场，很多业主对防水不关心、不重视，有些业主认为在家庭装修中防水可有可无，这些都是错误的观念。

房屋渗漏是一种“质量通病”，不论是豪华别墅，还是普通住宅，都可能会遭遇此类问题。随着当前我国建筑行业的进步和发展，很多方法和控制技术被研发采用，但一直无法根治和避免房屋渗漏问题。为此，国家出台了治理渗漏问题的保障措施，然而，保修期满后的渗漏问题依然存在。

家装渗漏可归为两方面原因：

一是设计方面。建筑设计和安装设计在配合上存在问题，两种设计在过程中变更频繁，通常安装设计人员不会认真分析管道与建筑结构之间的位置关系，安装管道后开洞现象严重。另外，设计材料的选型使用金属套管也会导致渗漏，金属套管内壁抗腐蚀能力差，通常使用两三年就锈蚀穿孔，钢套管锈蚀后从板顶到板底就会形成一条环状的贯通缝隙。施工工艺的设计也导致了渗漏现象，先预留洞后安装管道，再进行二次灌浆，这一工艺顺序注定会有渗漏情况的发生，连整体性普通混凝土平板都有产生渗漏的可能，更何况人为设计了一道缝隙，预留洞口是最先成型的，而管道安装后二次灌浆是最后实施的，时间差距太大，跨越的工序太多，无法使灌浆材料与原结构良好结合。

二是施工方面。上述施工工艺顺序的设计问题导致了渗漏的可能性，而对施工工序质量控制不当则加剧了渗漏的频率。在施工准备阶段，由于对施工图了解不透彻、施工图交底不详细，导致部分预留洞位置错误；对建筑的装饰层厚度等细部尺寸掌握不透彻，导致安装管道时扩洞修洞，增加了洞口的面积。修洞结束到管道安装后二次封堵，一般要经历多道工序，各种残渣和灰尘都会集聚在预留洞的结合面上，管道位置通常都设计在死角和不易操作的部位，以致二次灌浆时无法完全将界面清除干净，形成贯通隔离层，二次混凝土的灌浆浇筑质量也无法控制。预留洞缝隙支模板的施工是一件很烦琐的事，施工工人操作马虎，管理人员也难以对每个洞口逐一检查，灌浆施工工艺的配比等无法采用标准的控制方法，一般质量较好的管道安装就是当时看上去外观密实平整。有些管理人员错误地认为加膨胀剂可以达到更密实的效果，但膨胀剂不可能在灌缝那么小的体积内发挥作用，环境不利和配比不当的情况会影响其强度，造成其反收缩，加剧了渗漏的可能性；有些工程师认为灌浆采用二次成型可以达到防水效果，然而，两次灌浆就多了一道施工缝，这样更容易渗漏，当进行二次灌浆时已被其他工序污染了界面；预留洞二次支模板的工法也会导致渗漏，传统的工法支模板采用钢丝吊洞法，当工人拆模板时钢丝会松动，在大气环境下钢丝锈蚀，造成通眼漏水，现在大多采用的专用模板降低了支模板的施工难度。在使用期，管道在水的冲力下会产生微振动，同时在大气环境温差条件下会产生线性膨胀和收缩应力使预留洞封堵区域产生裂缝，加剧渗漏。

家装渗漏包括屋面、墙体、室内和地下室的渗漏，常见的渗漏有以下几种情况：

第一，雨篷处对应的室内墙面渗漏。

施工方在做雨篷结构时没有按照规定找坡，做成外高内低，在下雨后雨篷与墙体相交处有积水现象，积水由缝隙渗到墙里。要严格控制雨篷梁的标高，设计正确的泛水坡度，认真做好雨篷悬挑结构的钢筋隐蔽验收，防止由于钢筋施工错误造成板与墙交接处的裂缝。

第二，露台正下方的客厅顶棚渗漏。

如果露台的下水口被垃圾和灰尘堵塞，下大雨时积水无法排出，会导致水漫过卷材，渗到墙里。要严格控制卷材的搭接宽度和泛水的高度，铺贴泛水处的卷材应采取满粘法，在后道工序的施工中，对相应班组做好交底，对卷材做好保护工作。

第三，窗台渗漏。

窗台渗漏可能是由于窗框四周与墙体间隙采用软性材料填嵌不密实，密封胶封堵不严密，施工采用的密封胶材料使用一段时间后发生脱落、拉裂、老化等，失去密封胶应有的作用。也可能是由于窗台有倒坡现象，在主体施工时，窗台下钢筋混凝土压顶厚度不够，或已设置压顶，但压顶是倒坡的或顺坡时的坡度太小等。窗台结构施工时应实行样板领路制，窗框与墙体的缝隙填塞应采用柔性材料，窗框四周留8～12mm的空隙，填嵌水密性密封膏，施工中应特别注意对产品的保护，避免窗框变形和保护膜破坏。浇筑混凝土压顶时，先确定窗户的高度，再浇筑配筋混凝土压顶，使其上表面稍低于窗户下框架高度，且压顶要有明显向外的坡度。窗洞口抹灰前，要提前用水湿润，再用水泥砂浆封口。窗框上部的抹灰面最好安装滴水槽。

第四，地下室内墙面局部出现潮湿，甚至起壳脱落。

如果墙的外侧采用土方回填的方式，墙体采用多空砖砌筑，回填土中土方含水量过高而墙的内外侧未做防水层，就易造成内墙返潮。如果出现这种情况，应铲除原来的粉刷层，在水泥砂浆中加入防水剂，然后刮腻子找平，并用乳胶漆涂料涂刷。回填土之前应在墙体的迎水面一侧做涂膜防水两道，防水涂料应分遍涂刷，每遍不能涂刷过厚，下一遍涂刷应在上一遍涂膜固化后进行，以手摸不黏手为准。

第五，地下室渗漏。

原因分析：①墙根部位渗漏，主要是内、外墙抹灰时对墙根部位清理不干净，造成外墙防水砂浆抹不到底部或墙根部位抹灰不密实，内墙抹灰与地面面层连接处有缝隙而导致渗漏，特别是墙根部位的标高与地下室室内地面的标高很接近时，这种情况更容易出现；②变形缝处渗漏，主要是由于变形缝处防水措施没有做好，导致室外地下水进入变形缝，从缝两侧的墙体渗入地下室；③穿越外墙的管道渗漏，是由于管道预留洞堵塞不密实，当进入雨水较多的季节或管道渗漏时，地下水沿管道壁外表面渗入室内。

处理方法：①针对墙根部位的渗漏情况：首先，在砌筑地下室墙体时，要保证砌体砂浆的饱满度，避免从砖缝漏水；其次，在外墙内、外侧抹灰前，应将根部处理干净，保证根部抹灰密实、到位，必要时在墙外侧与基础交接的阴角部位做成八字角；再次，要保证墙外侧防水砂浆的底部标高比地下室室内的标高低，外墙铺贴柔性防水层时，也对墙根部位进行特别处理，一定要铺贴到位。②针对变形缝处渗漏情况：常采用在缝内侧用泡沫板填塞，再用密封涂料、密封膏封堵，最后利用零变位原理，对外侧进行密封处理。既保证变形缝的变形量，同时也保证防水效果，在防水层外要砌筑保护墙，宽度比防水层每侧宽120mm，并将保护墙的防水层之间的缝隙用水泥砂浆填实，以免基坑回填时破坏防水层。③针对管道渗漏情况：待管道安装完毕，四周用干硬性水泥砂浆或素水泥浆砸实，然后在外侧抹防水砂浆，待防水砂浆干燥后，在大于管道外径35mm的范围内刷两遍聚氨酯防水涂料。

第六，室内卫生间、厨房顶棚渗漏。

工人在主体施工过程中，根据施工需要会在建筑物内留下很多洞口，如下水口等。当进入装修工程后，对很多洞口都进行了封堵，但进行试水时，往往很多洞口周边都会出现渗漏现象。须将预留洞部位的混凝土凿除干净，先对洞边进行凿毛处理，不是倒梯形的要凿成倒梯形。封闭之前，先用清水冲洗干净，然后在周边刷一层素水泥浆，再浇筑混凝土（最好用微膨），并分次振捣密实。卫生间、厨房防水工程涂膜防水的施工工艺流程为：清理基层—细部附加层施工—第一遍涂膜防水层—第二遍涂膜防水层—第三遍涂膜防水层—第一次蓄水试验—保护层施工—第二次蓄水试验—工程质量验收。

第七，某些框架结构建筑的楼梯间，一些圈梁处在下雨时出现渗漏。

其原因一是工人在砌体施工中未严格按施工规范操作，砌筑砂浆（特别是竖缝砂浆）不饱满，形成渗漏通道。二是温差引致混凝土结构梁柱与填充墙结合处产生开裂。施工技术人员要对工人进行技术交底，同时加强抽查，严禁干砖上墙，严格控制抹灰砂浆配合比，保证砂浆饱满度，水平缝要满铺砂浆，用勾抹子仔细补喂灰浆勾填的方法来保证外侧竖缝质量。对温差造成的裂缝，首先应把龟裂的打底层凿去，加上钢丝网片，再用高标号水泥砂浆分层抹实，并且注意养护，然后再进行面层施工，就可有效防止裂缝的产生，达到减少墙体渗漏的目的。

第八，墙脚根部渗漏。

其原因是外墙基部没有设置防水坎或防水坎高度不够，基底清理不干净。砌筑工程开始前，要先浇筑防水坎，且防水坎的高度要超过外露屋面的保温层，做保温前，防水坎外围先做好防水附加层。

第九，外墙面渗漏。

一般是由于在粉刷前脚手洞未堵好、墙体的砂浆饱满度（尤其是砌体的顶头缝与框架柱接触位置灰缝）不足、框架结构填充墙与框架梁产生裂缝造成的。刷前外墙所有脚手洞必须分内外两次补实或采用细石混凝土浇筑密实，在砌墙时必须控制好灰缝的砂浆饱满度，尤其是顶头缝要采用挤浆法施工，框架结构的填充墙上部斜砌部分必须待下部墙体完成至少一周后施工，同时确保砂浆饱满度。为防止外墙裂缝，在粉刷前对不同介质墙体表面要加贴钢丝网或玻纤网格布。

7. 家居防水需要注意什么?

第一，做好卫生间水电基础工程。从安全角度来讲，卫生间水管电线走上面比走下面好。但很多人为了省力，水管电线走地上，甚至在卫生间开地槽、凿圆孔。

第二，卫生间各种下水管，能不改动尽量不要去改动；万一要改动，一定要按照规范要求处理。新房子建成交付后多少会有沉降，房间里最容易渗漏的是下水管四周和墙角四条边，因此，对这些重点部位应该予以格外重视。

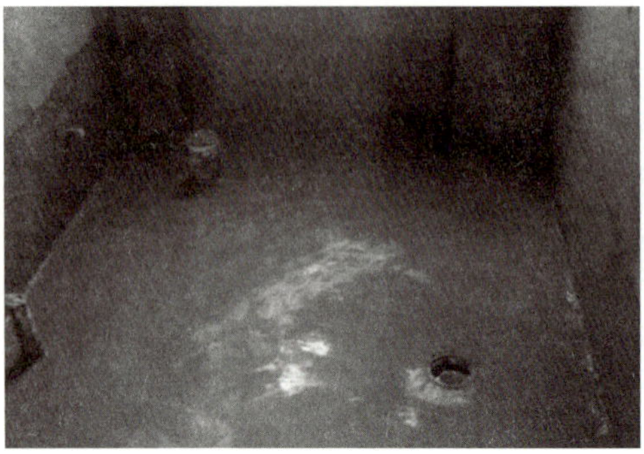

第三，厨房、卫生间等多水潮湿的部位在装修完工后，其地面的标高宜低于厅房或走廊地面的标高。厨房、卫生间门洞处应安装不怕水的材料，在其根部须做防水处理，严防积水从门洞处往客厅渗漏。

第四，房子装修防水应覆盖阳台、厨房、卫生间，特别要注意卫生间的防水。用小金属榔头敲墙面、地面，如果听见“噗噗”的空声，意味着里面有空鼓，必须把空鼓部分全部敲掉。基面有孔隙、裂缝、不平等缺陷的，须预先修补抹平。仔细清理四个墙面基层和地面，最好用清水冲洗一遍，然后待其干燥。

第五，选择适合家装的防水材料。家装防水材料选用环保、无毒、无

污染、施工便捷、质量佳、口碑好的品牌。

第六，处理好防水位置基层。把基层处理得坚固、平整、干净，无灰尘、油污、蜡以及其他碎屑物质。

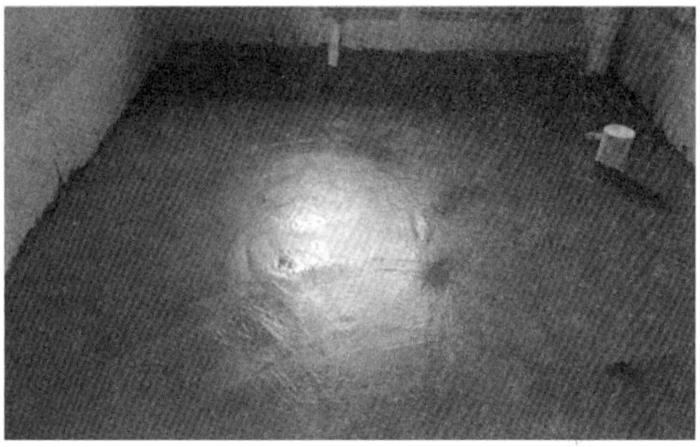

第七，防水要施工到位。管边、地漏口、阴阳角等节点是易漏部位，要加强特殊处理，防水层施工要不露底、不堆积，严格按照规范及设计要求施工。

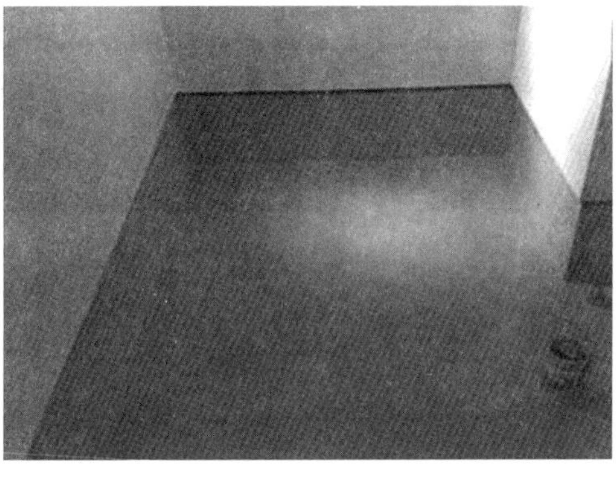

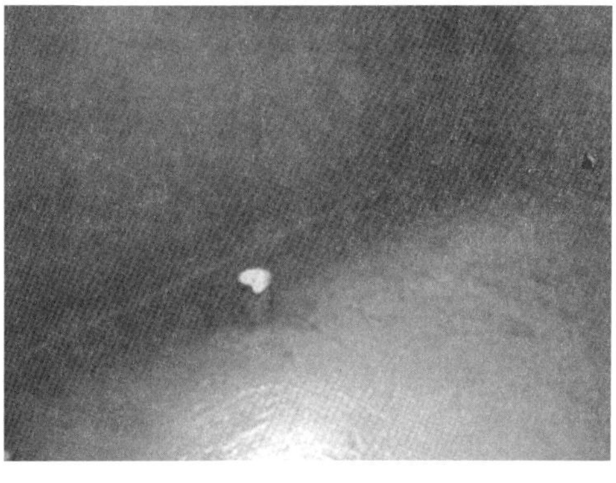

第八，做好试水试验。一般防水涂料涂刷完、形成防水层固化（大概24h后），蓄水不低于20mm高，24～48h后看水分有无明显减少或去楼下看楼顶是否有湿水点，没有就表示防水施工成功。

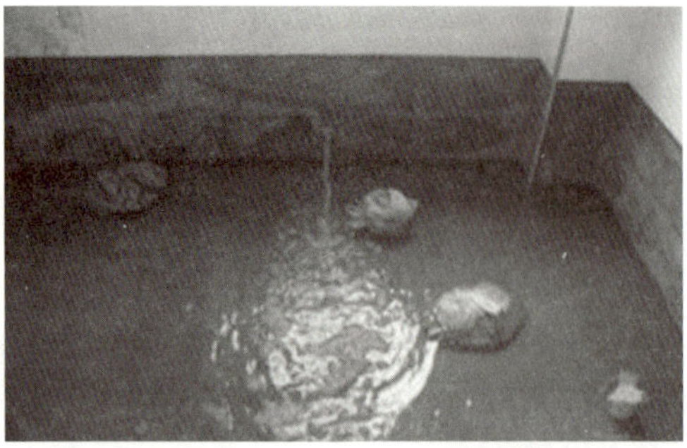

第九，选取天棚材料。因为卫生间的水汽较重，所以要选择那些具有防水、防腐、防锈特点的材料。

第十，处理地面防水。在铺地砖之前，务必做好防水，在铺设瓷砖后，要保证砖面有一个排水坡度，一般以2%～5%为宜，坡度朝向地漏。地面在铺设完瓷砖之后必须做闭水实验。

第十一，后期装修要做好防水层的保护，避免破坏防水层。

8. 家装中与防水密切相关的是哪些部位?

房子装修防水，涉及阳台、厨房、卫生间、屋面、地下室、外墙、独立水容器等部位。

阳台

厨房

卫生间

屋面

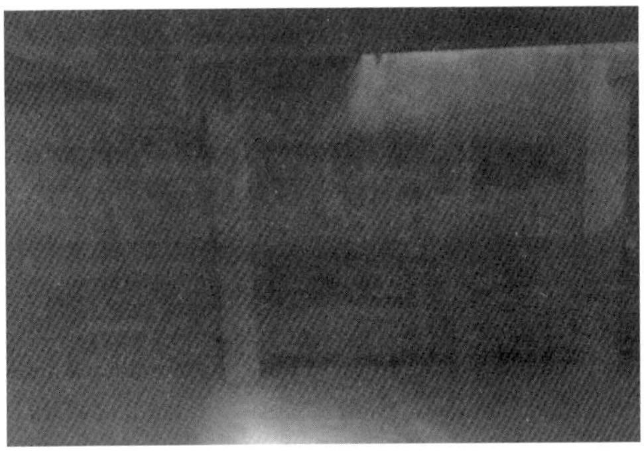

地下室

外墙

独立水容器

家装做防水，首先是流水面，即房屋的洗手间和厨房，这两个部位常年有流水，常处于潮湿状态，防水自然极其重要，千万不能掉以轻心。如果是一楼房屋，则所有的地面、墙面都应进行防水防潮处理。此外，墙内水管凹槽也要做防水。如装修时改动了原来的排水管道、污水管道，或地漏位置，一定要在周边加强防水措施。此外，管道、地漏等排布穿越楼板时，其孔洞周边的防水层也要认真做防水。

其次是外露面，如阳台、天台、露台等，因其裸露在户外，长时间遭受雨雪的侵蚀，也必须对其进行有效的防水处理。

再次是防潮层，通常指房屋的地面和墙面，包括地下室等。房屋装修时，墙体一般没有干透，含有一定水分，且常有新砌体墙或新铺水泥砂浆，若不做防水，水分就会往外蒸发，引发变色、起壳脱落和发霉等问题。特别是木地板、木质墙线和门框等木料部分，一旦渗入水分，就会因受潮而变色、发霉等，直至无法使用。

还有一个容易忽视的问题，即背水面防水。这主要是针对房屋外墙而言，如果外墙面防水不到位，经长时间雨水冲刷，水分会逐渐渗入房屋的内墙面，若不做防水阻隔，内墙墙纸、涂料等装饰材料就会发霉、起鼓、脱皮等，严重时甚至会出现明水流入室内的情况。

9. 家居防水工程的设防要求是什么？

家居防水工程应遵循防排结合、刚柔相济、因地制宜、经济合理、安全环保、综合治理的原则。

住宅室内防水工程不得使用溶剂型防水涂料，对于住宅室内长期浸水的部位不宜使用遇水产生膨胀的防水涂料。

住宅室内防水工程选取防水涂料时，涂膜防水层厚度应符合下表的规定：

住宅室内涂膜防水层厚度

防水涂料	涂膜防水层厚度（mm）	
	水平面	垂直面
聚合物水泥防水涂料	≥1.5	≥1.2
聚合物乳液防水涂料	≥1.5	≥1.2
聚氨酯防水涂料	≥1.5	≥1.2
水乳型沥青防水涂料	≥2	≥1.5

卫生间、浴室的楼、地面应设置防水层，墙面顶棚应设置防潮层，门口应有阻止积水外溢的设施。

排水立管不应穿越下层住户的居室；当厨房设有地漏时，地漏的排水支管不应穿过楼板进入下层的居室。

住宅室内防水应按设计施工，独立水容器应有整体的防水构造。现场浇筑的独立水容器应采用刚柔结合的防水设计，水容器内侧应设置柔性防水层。

采用地面辐射采暖的无地下室住宅，对底层无配水点的房间地面，应在绝热层下部设置防潮层。

卫生间、浴室和设有配水点的封闭阳台等墙面应设置防水层；防水层高度应距楼、地面面层1.2m。

当卫生间有非封闭洗浴设施时，花洒所在位置及其邻近墙面防水层高度不应小于1.8m。

有防水设防功能的房间，除应设置防水层的墙面外，其余部分墙面及顶棚都应设置防潮层。

楼、地面的防水层在门口处应水平延展，且向外延展的长度不应小于500mm，向两侧延展的宽度不应小于200mm。如下图：

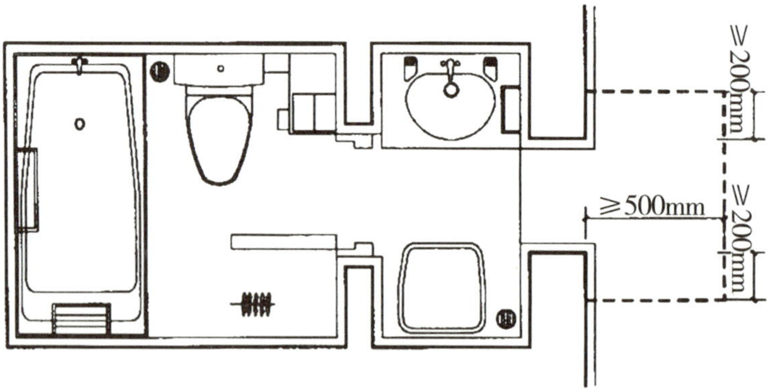

楼、地面防水层设计

地漏、大便器、排水立管等穿越楼板的管道根部应用密封材料嵌填压实。

基层应符合设计的要求，并通过验收。基层表面应坚实平整，无浮浆，无起砂、裂缝现象。

施工单位应有专业施工资质，作业人员应持证上岗。

防水涂料及防水施工过程不得对环境造成污染。

10. 如何核算家庭装修中的防水面积?

家庭装修中防水面积的一般计算方式：

（1）厕浴间防水面积（m^2）=（厕浴间地面周长－门的宽度）×1.8m（高）+地面面积。

（2）厨房防水面积（m^2）=（厨房地面周长－门的宽度）×0.3m（高）+地面面积。

（3）阳台防水面积（m^2）=（阳台地面周长－非墙面护栏长度）×0.3m（高）+地面面积。

（4）屋面防水面积（m^2）按设计图示尺寸以面积计算。

斜屋顶（不包括平屋顶找坡）按斜面积计算，平屋顶按水平投影面积计算，不扣除房上烟囱、风帽底座、风道、屋面小气窗和斜沟所占面积，屋面的女儿墙、伸缩缝和天窗等处的弯起部分，要并入屋面工程量内。

（5）墙面防水面积（m^2）按设计图示尺寸以面积计算。

外墙按中心线乘高度计算，扣除外墙门窗洞口面积，不扣除柱、垛、间壁墙、烟囱及单个0.3平方米以内的孔洞所占面积。

（6）变形缝按设计图示尺寸以长度计算。

（7）地下室按设计图示尺寸以面积计算。

地面防水：按主墙间净空面积计算，扣除凸出地面的构筑物、设备基础等所占面积，不扣除柱、垛、间壁墙、烟囱及单个0.3平方米以内的孔洞所占面积。

墙身防水：外墙按中心线，内墙按净长乘宽度计算。

（8）独立水容器按设计图示尺寸以面积计算。

地面防水：按主墙间净空面积计算，扣除凸出地面的构筑物、设备基础等所占面积，不扣除柱、垛、间壁墙及单个0.3平方米以内的孔洞所占面积。

墙身防水：外墙按中心线，内墙按净长乘宽度计算。

在实际施工中，根据各防水工程情况不同，也可按照实际完成面积计算。

11. 在装修过程中，什么时候开始做防水，需要多长时间？

家庭装修，水电改造先行，水电改造结束后，马上就要做防水。防水做完并固化后最好做保护层，然后再进行铺贴瓷砖等其他装饰。需要注意的是，防水应尽量在结构层进行。

做防水一般需要 2 天左右的时间，基层处理一般为 1 ~ 2h，通常涂刷两遍防水涂料，每遍间隔 4 ~ 8h，其他材料以材料说明书为准。防水层施工完成后，完全干燥时间在 12h 左右，一般为下午施工后，第二天中午就可以进行闭水试验。

12. 家居防水是否需要进行防水设计？

防水工程在整个装修过程中都是一个重要的项目，它的质量好坏对我们今后的日常生活有着很大的影响，那么防水工程设计对于防水工程有多大影响呢？

行业有句话叫“设计是前提，材料是基础，施工是关键”，要想防水层起到应有的作用，首先就要对防水层从防水功能、构造层次、选材、材料搭配、细部节点处理、工艺要求、防水层厚度、施工范围等进行设计要求。防水无设计，就会出现材料选择不合适、细部节点处理不到位、防水层厚度不合要求、施工不规范等问题，最后必然导致渗漏。防水设计中常见的问题有以下几种：

构造层次设计不合理。构造层次设计很重要，目前不少屋面的设计是一种“雨衣式”的防水设计，即防水层与结构层之间存在吸水性的保温层（如岩棉、珍珠岩）、轻质但吸水率高的找坡层（如煤渣混凝土、陶粒混凝土），一旦防水层有个别破损点，这些构造层次就会大量吸水、窜水，从而导致防水层整体失效。如果结构层出现裂缝，就会导致渗漏，难以维修。屋面、地下室顶板等部位普遍存在这种现象。

防水涂料选择不当。涂料要根据具体部位来选定，例如用刚性防水涂料做卫生间地面防水，一旦房屋出现沉降、开裂等问题，由于刚性防水涂料缺乏柔韧性，必然跟随结构层开裂，而卫生间是日常生活中用水量较大的地方，一旦防水层开裂，渗漏就无可避免。此外，常见的问题还有复合涂料搭配不当。

防水设计是防水工程的重要环节，选择合理的构造层次，以及适合的防水涂料，按照设计要求标准化、规范化施工，才能真正发挥防水功能的效果。

第二章

家居防水材料

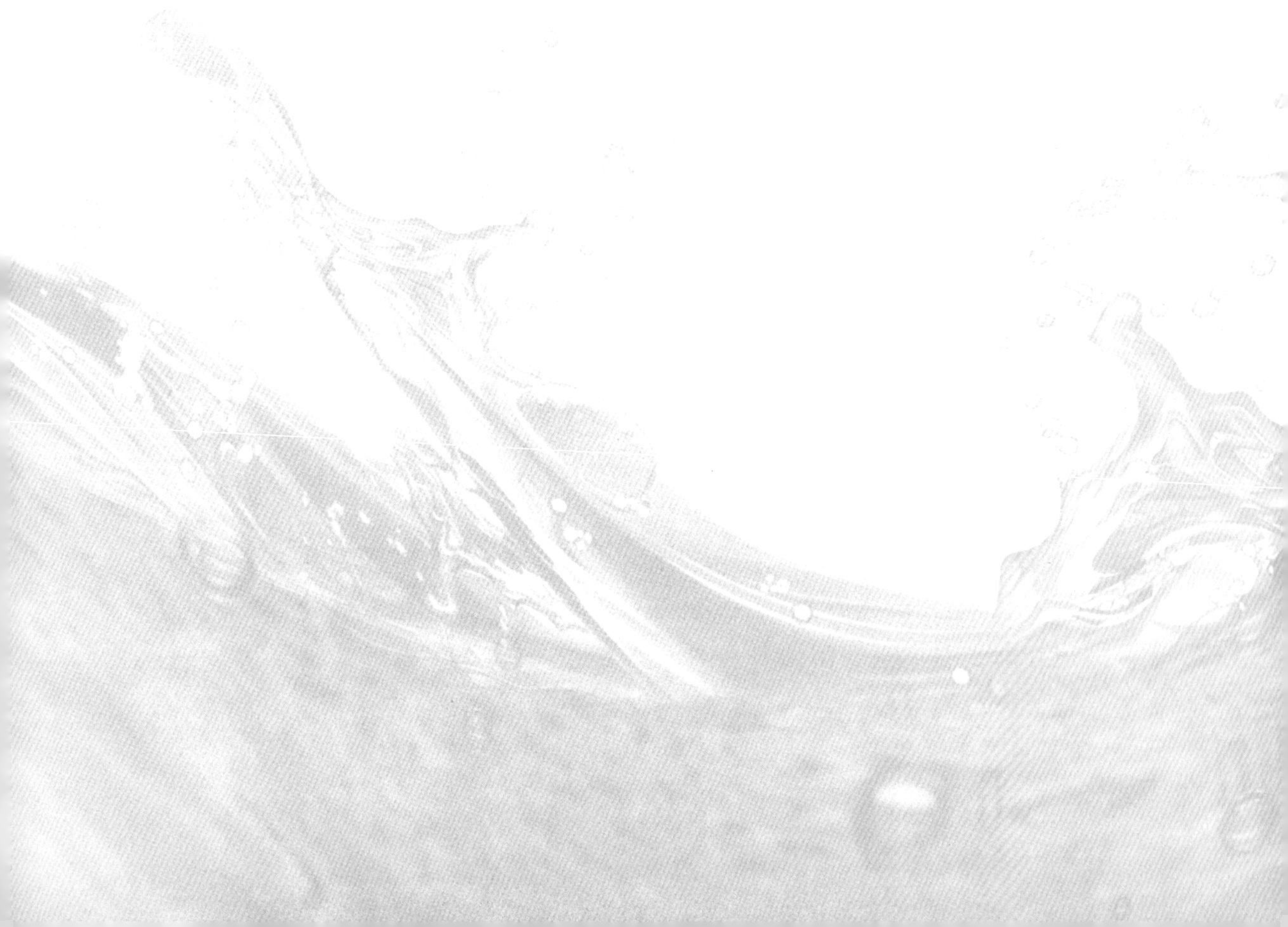

13. 家居防水材料有哪些类别？

家居防水材料从材质上可分为以下六大类：

第一，丙烯酸防水涂料。

定义：丙烯酸防水涂料是以改性丙烯酸酯多元共聚物乳液为基料，添加多种填充料、助剂，经科学加工而成的厚质单组分水性高分子防水涂膜材料。丙烯酸防水涂料是一种环保型的弹性防水涂料。

主要特点：

（1）单组分，可在潮湿基层上进行冷粘法施工，可以刷、滚、喷、刮等方式进行涂布；

（2）具有良好的耐老化、延伸性、弹性、黏结性和成膜性；

（3）防水层为封闭体系，整体防水效果好，特别适用于异型结构基层的施工；

（4）以水为分散介质，无毒、无味、不污染环境，属环保产品；

（5）可作橡胶、沥青类黑色防水层的彩色美化保护层。

适用范围：

（1）适用于屋面、墙面等非长期浸水环境下的防水；

（2）特别适用于轻型薄壳结构的屋面防水工程，也可用做黏结剂或外墙装饰涂料。

第二，聚合物水泥基防水涂料。

定义：聚合物水泥基防水涂料是由合成高分子聚合物乳液（如聚丙烯酸酯、聚醋酸乙烯酯、丁苯橡胶乳液）及各种添加剂优化组合而成的液料和配套的粉料（由特种水泥、级配砂石组成）复合而成的双组分防水涂料，是一种既具有合成高分子聚合物材料的特点——弹性高，又有无机材料的特点——耐久性好的涂料。

主要特点：

（1）聚合物改性：加强对各基底的黏结力；

（2）透气不渗水：表面透气，可以阻止水蒸气压力的形成，同时又不渗水，防水性能好；

（3）柔韧性好：能承受轻微震动及不大于2～3mm宽的位移（柔韧性防水）；

（4）耐候性强：可以用于室外环境，如天面等；

（5）施工简便：由于是水泥型产品，在防水层之上可直接铺贴瓷砖、抹灰或油漆；

（6）潮湿区域可以施工：由于防水涂料必须透过水的作用渗透到底材内部，因此，潮湿区域可以施工，如混凝土干燥，施工前必须用水淋湿；

（7）环保：无毒无害，可以直接涂刷至饮水的水池里；

（8）危险性低：非易燃材料，无腐蚀性。

适用范围：

适用于阳台、厨房、卫生间、水池等部位。

第三，聚合物水泥防水浆料。

定义：聚合物水泥防水浆料是一种具有高抗渗、高黏结性能的双组分防水浆料，采用无机硅酸盐胶凝材料和天然无机矿物骨料结合有机高分子聚合物乳液而成。将其搅拌均匀后涂刷在水泥基层上，干固后具有优异的防水性能、较高的黏结性能，特别适用于既需要做防水，又需要黏结饰面砖材的部位。

主要特点：

（1）抗渗性强：极强的持续防水能力，可承受0.8MPa的水压，低温−35℃不开裂，高温100℃无变化；

（2）耐久性强：具有很强的耐水、耐候、耐酸、耐碱、耐腐蚀等性能；

（3）施工性好：施工简便，可采用刮、滚、刷的方式，对复杂的形状也能形成完整、稳定、无缝致密的柔性防水层，在潮湿基层、迎水面、背水面均可施工，工期短，可节约成本；

（4）安全性：绿色无毒无害、无环境污染，适用范围没有限制，透气不透水，不会因有燃、助燃气体挥发而引起火灾。

适用范围：

（1）适用于水泥砂浆、混凝土、加气块、加气砖、纤维水泥板、纸面石膏板等基层；

（2）适用于室内装饰工程的厨房、厕浴间、阳台等墙、地面的防水处理；

（3）适用于木地板、墙面木饰面等基层防潮处理；

（4）适用于潮湿基层上施工（表面不能有明水）。

第四，聚氨酯防水涂料。

定义：聚氨酯防水涂料是由异氰酸酯、聚醚等经加成聚合反应而成的含异氰酸酯基的预聚体，配以催化剂、无水助剂、无水填充剂、溶剂等，经混合等工序加工制成的防水涂料。该类涂料为反应固化型涂料，具有强度高、延伸率大、耐水性能好等特点。

主要特点：

（1）与基层黏结力强；

（2）涂膜有良好的柔韧性，对基层伸缩或开裂的适应性强，抗拉性强度高；

（3）耐候性好，高温不流淌，低温不龟裂，抗老化性能优，能耐油、耐磨、耐臭氧、耐酸碱侵蚀；

（4）涂膜密实，防水层完整，无裂缝、无针孔、无气泡，水蒸气渗透系数小，既具有防水功能，又有隔气功能。

适用范围：

适用于屋面、厕浴间、地下室、蓄水池、墙面的防水、防渗、防潮。

第五，水性沥青基防水涂料。

定义：水性沥青基防水涂料是以多种橡胶共同复合，对沥青进行改性配制而成的聚合物改性沥青防水涂料。

主要特点：

（1）改性沥青中的橡胶形成连续网络而互相贯穿、交联，使改性呈现出高聚物性能；

（2）防水、防渗、防腐、防潮；

（3）本身有一定的弹性和塑性变形能力，可承受荷载而不被破坏。

适用范围：

适用于屋面、厕浴间、地下室、蓄水池、墙面的防水、防渗、防潮。

第六，防水卷材。

定义：防水卷材主要是用于建筑墙体、屋面等处，起到抵御外界雨水、地下水渗漏的一种可卷曲的柔性建材产品。

主要特点：

（1）施工方便、工期短；

（2）成形后无须养护、不受气温影响、环境污染小；

（3）层厚容易按设计要求掌握，用材计算准确；

（4）施工的现场管理方便，不易被偷工减料；

（5）层厚均匀，空铺时能有效地克服基层应力。

适用范围：

屋面、地下室、蓄水池、墙面的防水、防渗、防潮。

14. 家居防水材料有哪些标准？

第一，材料标准。

家居防水材料执行标准一般分为国家标准（GB）、行业标准（JC）、团体标准（T）、企业标准（Q）。通常同一类产品同时具有多个执行标准时，产品各项性能指标应遵循以下原则：企业标准 > 团体标准 > 行业标准 > 国家标准。

目前市面上的家装产品执行标准多为国家标准和行业标准，家居防水材料除了其物理性能有相应执行标准外，对于防水材料中有毒有害物质限量，也根据不同材料类型有相应的执行标准，确保防水材料物理性能指标和环保指标均能满足家居防水要求。

此外，家居防水材料有毒有害物质限量在个别材质执行标准中有明确规定，比如 GB/T 19250—2013《聚氨酯防水涂料》中就明确规定了各种有毒有害物质的限量要求，对于执行标准中无明确规定的一般要符合 JC 1066—2008《建筑防水涂料中有害物质限量》的要求。

对于要达到饮用水标准的防水涂料还需符合 GB/T 17219—1998《生活饮用水输配水设备及防护材料的安全性评价标准》的规定。

第二，施工规范。

家居防水及施工均需要符合 JGJ 298—2013《住宅室内防水工程技术规范》的规定，规范中对施工及材料类型、性能、环保等各方面都有严格要求。

15. 家居防水材料保质期是多久?

家居防水材料种类繁多，执行标准也各不相同，无论是国家标准、行业标准、团体标准或是企业标准，家居防水材料的保质期一般都在 6 个月以上。在实际使用过程中，用户经常会碰到这样的问题：一桶材料用了一半，剩下一半能保存多久？

通常双组分材料在没有将两组分混合及没有掺入其他物质的情况下，只要能保证材料包装的密封性，其剩余材料的存储期限仍会在保质期内；

同样，单组分材料在没有掺入其他物质的情况下，只要能保证材料包装的密封性，其剩余材料的存储期限也会在保质期内。

需要注意的是防水材料的保质期受温度、湿度、密封性、码放高度等多种因素影响，只有在标准环境下材料才能达到预期的储存期限。

16. 什么是聚氨酯防水涂料？

聚氨酯防水涂料是由异氰酸酯、聚醚等经加成聚合反应而成的含异氰酸酯基的预聚体，配以催化剂、无水助剂、无水填充剂、溶剂等，经混合等工序加工制成的防水涂料。该类涂料为反应固化型涂料，具有强度高、延伸率大、耐水性能好等特点。

聚氨酯防水涂料按不同标准有以下分类：

（1）按组分分为单组分（S）和多组分（M）两种：其中单组分市面上一般称之为单组分湿固化聚氨酯防水涂料，即通过吸收空气中的水汽固化成型；多组分一般市面上称之为911双组分聚氨酯防水涂料，一般由聚氨酯预聚体和固化剂填充料两个组分组成，两个组分混合后固化成型。

（2）按基本性能分为Ⅰ型、Ⅱ型、Ⅲ型：Ⅰ型、Ⅱ型、Ⅲ型通过其力学性能来区分，从Ⅰ型到Ⅲ型，涂料拉伸强度逐渐增强，断裂伸长率则逐渐降低，其中Ⅰ型多用于民用建筑，Ⅱ型多用于高铁桥梁，Ⅲ型多用于外露场合。

（3）按是否暴露分为外露型（E）和非外露型（N）：建筑防水一般均为隐蔽工程，需要做防水保护层。防水涂料根据其抗紫外线、耐老化能力的大小可分为外露型和非外露型。外露型可直接外露，不做保护层便能达到需要的使用年限；非外露型则需要在有保护层的情况下才能达到所需的使用年限，如不做保护层则会迅速老化，失去其防水功能。

（4）产品按有毒有害物质限量分为A类和B类：国家标准中对聚氨

酯防水涂料的有毒有害物质限量有严格要求，A类为最高要求，B类次之。

聚氨酯防水涂料的主要物理性能

<table>
<tr><th rowspan="2">序号</th><th rowspan="2" colspan="2">试验项目</th><th colspan="3">性能指标</th></tr>
<tr><th>Ⅰ型</th><th>Ⅱ型</th><th>Ⅲ型</th></tr>
<tr><td>1</td><td colspan="2">拉伸强度（MPa）≥</td><td>2</td><td>6</td><td>12</td></tr>
<tr><td>2</td><td colspan="2">断裂伸长率（%）≥</td><td>500</td><td>450</td><td>250</td></tr>
<tr><td>3</td><td colspan="2">撕裂强度（N/mm）≥</td><td>15</td><td>30</td><td>40</td></tr>
<tr><td>4</td><td colspan="2">低温弯折（℃）≤</td><td colspan="3">-35℃，无裂纹</td></tr>
<tr><td>5</td><td colspan="2">不透水性（0.3MPa，2h）</td><td colspan="3">不透水</td></tr>
<tr><td>6</td><td colspan="2">黏结强度（MPa）≥</td><td colspan="3">1</td></tr>
<tr><td rowspan="2">7</td><td rowspan="2">固体含量（%）≥</td><td>单组分</td><td colspan="3">85</td></tr>
<tr><td>双组分</td><td colspan="3">92</td></tr>
</table>

聚氨酯防水涂料被称为液体橡胶，力学性能优异，耐水、耐酸碱。衡量其力学性能的指标主要有拉伸强度、断裂伸长率、黏结强度等。拉伸强度2MPa的含义为长、宽各1cm，厚度1.5mm的聚氨酯涂膜能承受10kg的力，断裂伸长率500%即1.5mm的聚氨酯涂膜可拉伸到原长度的5倍。

衡量其防水性能的指标为不透水性，不透水性0.3MPa即表示1.5mm厚的聚氨酯涂膜可以承受30m水压而不漏水。

JGJ 298—2013《住宅室内防水工程技术规范》中明确规定室内防水严禁溶剂型防水涂料，市面上大部分聚氨酯防水涂料虽能达到执行标准中关于有毒有害物质限量的要求，但它们仍属于溶剂型防水涂料，因此在家居防水中，我们建议大家选用非溶剂型聚氨酯防水涂料进行施工。

17. 什么是丙烯酸防水涂料？

在防水行业，我们统称原材料成分为丙烯酸乳液的涂料为丙烯酸防水涂料，比如聚合物水泥（JS）防水涂料、聚合物防水浆料（K11）这类市面上大量流通的防水产品一般为液、粉双组分，其中液料的主要原材料大部分都是丙烯酸乳液，因此从材料类型来看，也可称它们为丙烯酸防水涂料。

但一般市面上所说的丙烯酸防水涂料指的是以纯丙烯酸聚合物乳液为基料，加入特种填充料以及其他添加剂而制得的单组分水乳型防水涂料。

丙烯酸乳液作为丙烯酸防水涂料的主要成分，其质量优劣直接决定了丙烯酸防水涂料的品质好坏，目前市面上的丙烯酸乳液根据其合成单体的类别可以分为纯丙、苯丙、硅丙、醋丙。

硅丙因价格高、质地偏脆，在防水行业基本不会被采用；醋丙因各项力学性能指标不佳，正规厂家也基本不会使用。

目前防水行业在满足力学性能的前提下，价格比较适中的就是苯丙和纯丙，纯丙较苯丙价格略贵，但其有优异的耐紫外线、耐黄变能力。

因此在外露不做保护层的情况下，我们做丙烯酸防水涂料时应该首选纯丙烯酸乳液防水涂料。

市面上的丙烯酸防水涂料一般执行 JC/T 864—2008《聚合物乳液建筑防水涂料》标准，该标准将丙烯酸防水涂料分为Ⅰ型和Ⅱ型，市面上采用的普遍为Ⅰ型产品。

另外，目前市面存在的水性聚氨酯防水涂料实则是丙烯酸防水涂料，其执行的也是 JC/T 864—2008《聚合物乳液建筑防水涂料》这个标准。消费者在购买防水涂料时一定要选择正规厂家，同时认清产品执行标准。

丙烯酸防水涂料的主要性能指标

<table>
<tr><th rowspan="2">序号</th><th rowspan="2" colspan="2">试验项目</th><th colspan="2">性能指标</th></tr>
<tr><th>Ⅰ型</th><th>Ⅱ型</th></tr>
<tr><td>1</td><td colspan="2">拉伸强度 MPa≥</td><td>1</td><td>1.5</td></tr>
<tr><td>2</td><td colspan="2">断裂伸长率%≥</td><td colspan="2">300</td></tr>
<tr><td>3</td><td colspan="2">低温柔性，绕 φ10mm 棒弯 180</td><td>-10℃，无裂纹</td><td>-20℃，无裂纹</td></tr>
<tr><td>4</td><td colspan="2">不透水性（0.3MPa，30min）</td><td colspan="2">不透水</td></tr>
<tr><td>5</td><td colspan="2">固体含量%≥</td><td colspan="2">65</td></tr>
<tr><td rowspan="2">6</td><td rowspan="2">干燥时间（h）</td><td>表干≤</td><td colspan="2">4</td></tr>
<tr><td>实干≤</td><td colspan="2">8</td></tr>
<tr><td rowspan="4">7</td><td rowspan="4">处理后的拉伸强度保持率（%）</td><td>加热处理≥</td><td colspan="2">80</td></tr>
<tr><td>碱处理≥</td><td colspan="2">60</td></tr>
<tr><td>酸处理≥</td><td colspan="2">40</td></tr>
<tr><td>人工气候老化处理≥</td><td></td><td>80～150</td></tr>
<tr><td rowspan="4">8</td><td rowspan="4">处理后的断裂延伸率（%）</td><td>加热处理≥</td><td colspan="2" rowspan="3">200</td></tr>
<tr><td>碱处理≥</td></tr>
<tr><td>酸处理≥</td></tr>
<tr><td>人工气候老化处理≥</td><td></td><td>200</td></tr>
<tr><td rowspan="2">9</td><td rowspan="2">加热伸缩率（%）</td><td>伸长≤</td><td colspan="2">1</td></tr>
<tr><td>缩短≤</td><td colspan="2">1</td></tr>
<tr><td colspan="5">仅用于外露场合</td></tr>
</table>

Ⅰ型和Ⅱ型除了在拉伸强度反面有少许差异外，主要差别体现在人工气候老化处理方面，Ⅱ型产品进行配方调整后可以通过老化测试，从而可以用于外露场合。

18. 什么是水泥基防水涂料？

水泥基防水涂料一般可分为两类：

（1）由合成高分子聚合物乳液（如聚丙烯酸酯、聚醋酸乙烯酯、丁苯橡胶乳液）及各种添加剂优化组合而成的液料和配套的粉料（由特种水泥、级配砂石组成）复合而成的双组分防水涂料；

（2）以水泥为基料，掺入多种活性化学物质和辅助材料制成的一种单组分粉状防水涂料。

在两种类型水泥基涂料中，水泥均为主要成分，故称之为水泥基防水涂料。

常见的双组分水泥基防水涂料有聚合物水泥（JS）防水涂料、聚合物防水浆料（K11）。这两种材料均为液、粉组合的双组分防水涂料，使用时需将液、粉混合均匀使用。

聚合物水泥（JS）防水涂料的主要性能指标

序号	试验项目			性能指标		
				Ⅰ型	Ⅱ型	Ⅲ型
1	固体含量（%）		≥	70	70	70
2	拉伸强度	无处理（MPa）	≥	1.2	1.8	1.8
		加热处理后保持率（%）	≥	80	85	80
		碱处理后保持率（%）	≥	60	70	70
		浸水处理保持率（%）	≥	60	70	70
		紫外线处理后保持率（%）	≥	80		

（续上表）

序号	试验项目			性能指标		
				Ⅰ型	Ⅱ型	Ⅲ型
3	断裂伸长率	无处理（%）	≥	200	80	30
		加热处理（%）	≥	150	65	20
		碱处理（%）	≥	160	65	20
		浸水（%）	≥	150	65	20
		紫外线处理（%）	≥	150		
4	低温柔性（ϕ10mm 棒）		≥	-10℃，无裂纹		

衡量聚合物水泥（JS）防水涂料的主要性能指标为固体含量、拉伸强度、断裂伸长率、低温柔性等。

聚合物防水浆料（K11）的主要性能指标

序号	试验项目			性能指标	
				Ⅰ型	Ⅱ型
1	干燥时间（h）	表干时间	≤	4	
		实干时间	≤	8	
2	抗渗压力（MPa）		≥	0.5	0.6
3	不透水性（0.3MPa，30min）				不透水
4	柔韧性	横向变形能力（mm）	≥	2	
		弯折性	≥		无裂纹
5	黏结强度（MPa）	无处理	≥	0.7	
		潮湿基层	≥	0.7	
		碱处理	≥	0.7	
		浸水处理	≥	0.7	
6	抗压强度（MPa）		≥	12	
7	抗折强度（MPa）		≥	4	

衡量聚合物防水浆料（K11）的主要性能指标为抗压强度、抗折强度、抗渗压力等。

根据两者主要性能的差异，一般聚合物水泥（JS）防水涂料更适用于形变较大部位如屋面，聚合物防水浆料（K11）适用于形变较小部位如卫生间。如要贴大型瓷砖一般使用聚合物防水浆料（K11）。

双组分水泥基防水涂料在使用过程中必须严格按照厂家规定配比混合液、粉料，绝不可随意改变比例或自行添加水泥、沙子、水等材料，否则会严重影响材料性能，影响防水效果。

家居防水中单组分的水泥基防水涂料一般为聚合物水泥防水砂浆。

聚合物水泥防水砂浆的主要性能指标

序号	试验项目				性能指标	
					Ⅰ型	Ⅱ型
1	凝结时间（h）	初凝（min）	≥		45	
		终凝（h）	≤		24	
2	抗渗压力（MPa）	涂层试件	≥	7d	0.4	0.5
		砂浆试件	≥	7d	0.8	1
				28d	1.5	1.5
3	抗压强度（MPa）			≥	18	24
4	抗折强度（MPa）			≥	6	8
5	柔韧性（横向变形能力）（mm）			≥	1	
6	黏结强度（MPa）		≥	7d	0.8	1
				28d	1	1.2

衡量聚合物防水浆料（K11）主要性能的指标为抗渗压力、抗压强度、抗折强度等，这种防水涂料产品适用于卫生间、外墙等部位。

19. 什么是沥青基防水涂料？

沥青基防水涂料是以沥青或乳化沥青为基料的防水涂料。家居防水因受材料环保性能的限制，均以水乳型沥青基防水涂料为主。

水乳型沥青基防水涂料主要成分为水性乳化沥青，不含有机溶剂，可以满足室内防水环保要求。

目前沥青基防水涂料在工程防水中应用广泛，涂料类型有非固化沥青防水涂料、喷涂速凝橡胶沥青防水涂料、溶剂型橡胶沥青防水涂料等，以上常见的几种沥青基防水涂料类型均有其相关的行业标准。

目前专门适用于家居防水的沥青基防水涂料还没有专门的国家标准或者行业标准，多数以企业标准为主。

沥青基防水涂料具有适应范围广、耐候性强、抗酸性强、抗变形强、使用寿命长，拉伸强度高和延伸率大等特点。对基层收缩和开裂变形适应性强，使用温度范围广（－40℃～100℃），防水性能优越。

产品固化后形成橡胶状、高弹性、无接缝、无接头的防水防腐层，为连续封闭体系。在顶面、平面、立面、斜面等各种干燥基面上黏接牢固。对任何形状复杂、管道纵横的部位都容易施工。

20. 什么是单组分和多组分防水涂料？

单组分即防水涂料只有一个组分，开桶即可使用；多组分即防水涂料由两三种或多种组分组成，需将各组分按照规定比例混合均匀后方可使用。

多组分防水涂料如不能准确配比及混合均匀，会直接影响涂料的防水性能，因此，对现场施工要求较高。相对而言，单组分对施工要求更低。

另外需注意，一般多组分防水涂料在各组分混合之后，无法继续密封保存，需在规定时间内使用完毕。

21. 防水涂料与防水卷材用于家居防水各有什么优缺点？

防水涂料与防水卷材是建筑防水工程中应用最多的两类防水材料，很多用户在选用家居防水材料时，对这两者的选择比较迷茫。下面就防水涂料与防水卷材在家居防水应用中的优缺点进行探讨分析。

第一，防水卷材的优缺点。

（1）优点：厚度均匀，施工方便，施工周期短，成型无须维护，不影响温度，环境污染小，根据厚度容易掌握设计要求，用材计算准确，方便施工现场管理，不容易偷工减料。

（2）缺点：基于基层形状复杂的多块拼接的需求，黏接防水卷材困难，相互重叠大，特别是厨房、卫生间的管道复杂、边角众多，防水卷材剪接和粘贴的难度比较大，而且耗时耗力，绝对的密封将成为难题，甚至产生最大渗漏风险；任何部位的脱粘、破损、都会破坏防水卷材的整体性，极易形成窜水层，导致防水功能整体失效，一旦发生渗漏，很难维修。

第二，防水涂料的优缺点。

（1）优点：防水涂料固化成膜后的防水涂膜具有良好的防水性能，特别适合于各种复杂、不规则部位的防水，能形成无接缝的完整防水膜。它大多采用冷粘法施工，不必加热熬制，既减少了环境污染、改善了劳动条件，又便于施工操作、加快了施工进度。此外，涂布的防水涂料既是防水层的主体，又是黏结剂，因而施工质量容易保证。防水涂料施工简单、快捷，施工技术容易掌握。涂料防水层的渗漏，大多是由于基层开裂宽度超过防水涂层可以延长的幅度，可见，其渗漏成因容易找到，维修渗漏部位非常方便。

（2）缺点：防水涂料需要一定的时间来产生物理和化学反应固结防水层；大多数防水涂料要达到设计防水层厚度需要多次涂刷，每次涂刷有一定的时间间隔，因此需要较长的时间来形成防水层。防水涂料须采用刷子或刮板等逐层涂刷（刮），故防水膜的厚度较难保持均匀一致。

在家居防水中，理论上防水卷材可以取得与防水涂料相同的防水效果，只是用卷材做防水施工复杂，成本太高，存在较大渗漏隐患。

22. 刚性防水涂料适用于哪些部位？

刚性防水涂料一般包含较少聚合物，材性偏于硬质材料，在其形成防水层后，有很高的抗压、抗渗能力，但不具有延伸性，其抵抗结构拉伸变化的能力也不高。

刚性防水涂料简称JJ，一般标有“通用型”“刚性”等字样，其执行标准是JC/T 2090—2011《聚合物水泥防水浆料》。这类防水涂料的价格相对较低，涂膜较硬，适合地基稳定、不再沉降的楼房防水及地下室、客厅、卧室等的防潮处理。

23. 柔性防水涂料适用于哪些部位？

柔性防水涂料指防水层在受到外力作用时，涂料自身有一定的伸缩延展性（橡胶一样的弹性），能抵抗建筑物基层开裂而防水层弹性不致被破坏，呈现一定的柔性。

柔性防水涂料因为包含较多聚合物，柔韧性好，具有一定的延伸性，成本较刚性防水涂料高，价格也稍贵。柔性防水涂料简称JS，除个别执行企业标准外，一般执行GB/T 23445—2009《聚合物水泥防水涂料》这一标准，这一标准的防水涂料分为Ⅰ、Ⅱ、Ⅲ三个型号，型号越高，柔韧性越低，强度越高，柔性防水涂料一般会标有“柔性”“弹性”等字样，主要适用于屋面、卫生间、厨房、阳台、地下室的防水层。

24. 长期泡水位置适合用什么类型的防水涂料？

长期泡水位置必须使用耐水效果好的防水涂料，一般选用油性防水涂料和刚性防水涂料。水性防水涂料都不可以长期泡在水里，若长时间在水中浸泡，会发泡破乳。

（1）油性防水涂料以聚氨酯防水涂料为代表，该涂料不溶于水，“水油不相容”。聚氨酯防水涂料的优点：耐水、耐候性好，弹性高，高温不流淌、低温不龟裂；抗老化性能优异，耐油、耐磨、耐臭氧、耐酸碱侵蚀，涂膜密实，防水层完整；无裂缝、无针孔、无气泡，水蒸气渗透系数小，既具有防水功能，又具有隔气功能，施工简便，工期短，维修方便；根据需要可调配各种颜色；质轻，不增加建筑物负载。

（2）刚性防水涂料是指以水泥、砂石为原材料，或掺入少量外加剂、高分子聚合物等材料，通过调整配合比、抑制或减少孔隙率、改变孔隙特征、增强各原材料界面间的密实性等方法配制成的具有一定抗渗能力的防水涂料。刚性防水涂料的优点：施工方便，普通泥瓦匠按一般的抹灰方法施工，就能达到良好的质量要求；对施工环境要求不严格，可以在潮湿或者粗糙的基层施工，解决柔性防水涂料在湿度超过9%的基层上施工后分层脱离的难题；塑性好，可切实做好阴阳角、管道周围、洁具周边等薄弱部位的防水施工，在异形多变、狭小的空间也能很好地施工；能与基层结合成整体，在迎水面和背水面都能施工；强度较好，施工后不需要对其做保护层就能耐受穿刺破坏，可长期耐受水中酸、碱、氯类腐蚀物的侵蚀；施工后有利于下道工序的开展，例如直接在防水层上贴瓷砖、刮腻子、刷涂料等；耐久年限长，与建筑寿命同步，是永久性防水涂料；环保无毒，施工时无安全隐患，施工后无环境污染。刚性防水涂料的缺点：没有延展性，不能用于预制板屋顶或结构变化大的部位的施工。

（3）水性防水涂料是指以聚合物乳液或聚合物胶粉为主要组成材料，通过使用填料或水泥等胶凝材料，辅助改性助剂而制备的一种单组分或双组分防水涂料。其最大的特点就是环保、易施工。市面上常用的水性防水涂料主要有丙烯酸防水涂料、聚合物水泥（JS）防水涂料和聚合物水泥防水灰浆等。

25. 长期外露部位适合用什么类型的防水涂料？

防水涂料长期外露于建筑表面，会因紫外线、雨水、化学物质、生物霉菌等的侵蚀而老化，势必会降低涂料的使用年限，加速建筑渗漏。所以，在选择长期外露使用的防水涂料时，就应考虑受紫外线、雨水、化学物质、生物霉菌等影响较小的防水涂料，如水泥基、沥青基等防水涂料。

建筑防水工程属隐蔽性工程，按相关规范要求，防水层完工，通过验收后，应对其做保护层。保护层的目的是避免紧后工序施工对防水层造成破坏，同时避免因防水层与外界复杂条件零距离接触，而加速防水层自身老化、失效。

一般可以作为保护层的材料有细石混凝土、混凝土预制板、地砖、水泥砂浆、铝箔、浅色的丙烯酸反射涂料等。

铝箔屋面防水层

浅色反射涂料保护层

26. 饮用水池如何选择防水涂料?

饮用水池储存的是供人们饮用的清洁水，因此，影响着人们的身体健康。对饮用水池进行防水处理首先要选择环保性好的防水涂料；其次，饮用水池防水工程属长期浸水工程部位防水，应选择耐水性好的防水涂料；再次，因饮用水常添加杀菌剂、消毒剂等，所选用的防水涂料其物理力学性能应能经受杀菌剂、消毒剂的影响；此外，饮用水池水压大，池壁高，应选用与基层黏结性好的防水涂料。

饮用水池

下面推荐几种常用于饮用水池的防水涂料。

（1）水固化聚氨酯防水涂料：水固化聚氨酯防水涂料是将厂家建议的加水量添加至防水涂料中，充分搅拌均匀，以水作为固化剂，发生化学反应固化成膜。固化后的防水涂膜表面光滑，应在最后一遍刮涂施工未干前，用水泥浆进行拉毛处理，以增强涂膜防水层与后续保护层的黏结。

（2）聚合物水泥防水涂料：由聚合物防水乳液、水泥、石英砂等配制而成，其柔韧性主要由聚合物防水乳液提供，刚性主要由水泥、石英砂提供。在用于饮用水池防水时，建议采用Ⅱ型聚合物水泥防水涂料（黏结强度为0.7MPa）或Ⅲ型聚合物水泥防水涂料（黏结强度为1MPa），并在细部节点部位（如阴阳角、管根、施工缝、设备底座等）添加胎体增强材料。

（3）聚合物水泥防水浆料、砂浆：该类涂料由聚合物防水乳液或可分散乳胶粉、水泥、石英砂等配制而成，其柔韧性相对较差，主要适用于体积小、池体结构较为稳固的饮用水池。

（4）水泥基渗透结晶型防水涂料：该类产品中的硅酮离子随着表层水在混凝土中渗透扩散，与混凝土中的钙离子发生化学反应，生成不溶于水的硅酸钙水化物（枝蔓状结晶体），其充满毛细管孔隙并与混凝土结合成整体，堵塞混凝土内部的毛细孔道，从而使混凝土致密，防止水渗漏。该类产品属刚性防水涂料，不足之处是抗开裂性能差，故推荐使用于体积小、池体结构较为稳固的饮用水池。

27. 家居防水工程应遵循哪些原则和基本规定？

JGJ 298—2013《住宅室内防水工程技术规范》规定“住宅室内防水工程应遵循防排结合、刚柔相济、因地制宜、经济合理、安全环保、综合治理的原则”。

（1）防排结合：如卫生间在做好防水的前提下，应保证淋浴等生活用水向地漏排水顺畅，避免积水。

（2）刚柔相济：在应力较为集中的阴阳角、不同基材交接部位（如管根）等，应优先考虑使用柔韧性较好的防水涂料对其加强处理；后续要贴砖的立面部位，应优先考虑刚性水泥基防水涂料。

（3）因地制宜：熟知防水涂料的特性，根据不同的施工部位，选择合适的防水涂料，使其耐水性、黏结性、柔韧性、环保性等符合家居防水工程要求。

（4）经济合理：优选性价比高的防水方案和防水涂料，以合理的造价达到好的防水效果。

（5）安全环保：家居防水工程与人们身心健康息息相关，应选用环保的防水涂料，住宅室内防水工程不得使用溶剂型防水涂料。

（6）综合治理：材料是基础，设计是前提，施工是关键，管理是保证。家居防水工程是一个系统工程，多种因素联合影响最后的防水效果，应重视各个因素，多方治理。

（7）其他规定：不同种类的防水涂料在复合使用时应具有相容性；节点密封材料应与主体防水层使用的涂料相匹配；防水工程完成后，满足蓄水条件的应通过蓄水试验进行检验。

28. 如何辨别家居防水涂料的质量？

首先，由正规防水涂料生产厂家生产、销售的防水涂料，都具有产品合格证及产品出厂检验报告，并且每年也有第三方（国家质量监督部门）定期进行质量监督、抽查检验报告。这些资料中包含对防水涂料性能指标的要求，同时提供检测结果数据，并给出判定是否达到标准要求。特别是第三方定期发布的检验报告更是对产品质量给出了公正性评判。

其次，可从如下方面辨别防水涂料的质量。

（1）产品包装：家居防水涂料包装应清晰印制字迹，标示产品名称及对应执行标准、产品简介、使用方法、注意事项和保质期等。

（2）气味：环保性良好的家居防水涂料闻起来是无味或有淡淡的气味的；如果气味浓重，有刺鼻的焦油味或有机溶剂味，则说明环保性差，不得用于家居防水工程。

（3）施工性：家居防水工程一般采用刷、滚、刮、喷等方式进行施工，防水涂料至少应能适用于以上施工方式中的一种。施工的好坏不仅影响防水工程的施工效率，也影响防水层的质量。

（4）防水涂膜性能：家居防水工程主要是通过涂料施工干固后形成完整无接缝的防水涂膜，从而达到防水防渗的作用。柔韧型涂料形成的防水涂膜其拉力、延伸率、耐撕裂性能应良好，用手撕扯不宜断裂；刚性防水层应致密不透水，与基层的黏结应牢固；同时要求所有的防水涂膜耐水性好，遇水无溶胀、脱粘现象；耐老化性能应良好，成膜后不得有粉化，在合理的使用年限内应保持防水涂膜的完整性。

29. 现今市场上家居防水存在的主要问题是什么？

根据相关调查（调查覆盖 28 个城市、3674 个住户），将卫生间、厨房、阳台、客厅、卧室或其他部位中任一处有“滴水”“湿润痕迹”“发霉”“渗漏引起的脱皮、鼓包、朽坏”或“有渗水到楼下邻居”计作渗漏症状。受访住户中，1377 户有渗漏现象，住户渗漏率为 37. 48%，相当于每 10 户就有 4 户面临住房渗漏的烦恼。

造成如此高的渗漏比例，说明家居防水中存在很多问题：

（1）行业进入门槛低，特别是防水涂料的加工、生产，常见有作坊式的小型防水涂料加工点，粗制滥造，生产出的涂料并无质量保证。

（2）家居防水市场分散、零星，现阶段并未形成统一、严格的质量控制监管机制，等到渗漏后再进行维权，往往难以得到满意结果。

（3）业主普遍缺乏家居防水基本知识，主要接受由贴砖师傅、泥水工、装饰公司或涂料店员推荐的防水涂料，且业主对易渗漏的关键节点质量控制缺乏了解，无从叮嘱和监督。

（4）家居防水主要由贴砖师傅或泥水工完成，他们将家居防水想得过于简单，在防水基层、排水坡度、节点加强处理、防水厚度等环节上，无标准或低标准要求，随意施工，只追求速度，不追求质量。

业主须将家居防水工程交由专业的防水施工公司，进行专业的防水设计和选材，并签订正规施工合同、质保协议，不要一味追求低价格，才可能有质量、有保证地做好家居防水工程。

第三章

家居防水施工

30. 家居防水中的防水层施工应遵循什么原则?

多年来，随着高层建筑、大型房屋建筑的增多，以及楼房建设向地下空间发展的趋势增强，人们对家居防水工程的需求越来越大，对其重视程度也越来越高。家居防水的施工规范与否不仅直接影响防水是否安全有效，还影响建筑物的结构安全和使用寿命。规范施工可避免渗漏隐患、保证防水安全有效以及延长建筑寿命，同时，还可以节约投资、降低工程成本。

影响家居防水工程质量的因素有两个：一是设计问题。当前设计对防水工程使用材料的规定和工程防水等级的确定，很少画出节点做法和细部大样，无法从源头上保证防水工程的规范施工。二是施工问题。施工单位，特别是总包单位承接工程后只是按规定找一家有资质的防水施工单位进行分包施工，而对于工程前期如何进行图纸会审，根据工程的具体情况（包括施工环境气候，作业条件如地下水位的高低以及地下水有无侵蚀作用等）进行材料的认定，以及施工方案的编审等主要技术环节，并没有做到像对主体工程那样重视，而施工中又很少去跟踪检查、旁站监督，故许多细部处理欠妥，导致工程完工就出现渗漏问题，严重的直接影响工程的正常使用，施工单位只能花大量的人力物力去进行维修（而且效果往往不好），既影响甲乙双方的关系，也影响施工单位的声誉，同时，还增加了工程成本。

家居防水工程施工中应遵循两大原则：因地制宜，以防为主，多道设防，刚柔相济；细部构造防水应精心施工。

第一，因地制宜，以防为主，多道设防，刚柔相济。

（1）因地制宜：由于受条件的影响，家居防水工程必须认真考虑有可能受到的地下水有害作用（一般归结为毛细作用、渗透作用、侵蚀作用），采取有效措施以防遭到地下水的淹没、侵蚀和损坏。

（2）以防为主：即以自防水为主，高层建筑地下防水，基本采用三道设防，即砼（“混凝土”的简称）结构自防水 + 外包柔性防水层 + 灰土辅助防水层，而砼结构自防水是抗渗漏的关键。砼结构自防水，是以工程结构本身的密实度实现防水功能的一种防水做法。这类工程，工序简单，工期较短，造价较低，且能改善工人劳动条件。工程自防水结构通常采用C30P6 防水砼，在外加剂方面一般选用砼早强膨胀剂（以下简称 PNC）。PNC 属于硫铝酸钙砼膨胀剂，除具有膨胀功能外，对砼还有显著的早强、增强、低温硬化、抗渗、防冻害、抗硫酸盐等性能。PNC 加入水泥砼中，形成膨胀性结晶水化物——水化硫铝酸钙，使砼产生膨胀，结构密实。在受约束条件下，所产生的膨胀能转变为压应力，这一压应力范围为 0.2 ~ 0.7MPa，可抗消或部分抵消砼干缩、徐变、温度等产生的拉应力，从而防止砼的收缩开裂。钙矾石结晶具有填充、切断砼毛细管孔隙的作用，因而能显著提高砼的早期强度、后期强度及抗渗性能。PNC 最佳掺量应根据工程的要求和所选用的水泥而定，一般情况下，配置补偿收缩的掺量为10% ~15%，配置填充用膨胀砼的掺量宜为 15% ~20%。

砼配合比的设计与普通砼相同，水泥用量应不小于 300kg/m^3，要优先选用不低于 425 普通硅酸盐水泥或矿渣硅酸盐水泥；加料程序也与普通砼相同；PNC 的掺量要制作专用工具，专人负责，误差要小于 0.5%；搅拌时间，用强制式搅拌机时间比普通水泥砼延长 30 秒以上，用自落式搅拌机的搅拌时间，要延长 1 分钟以上，搅拌时间的长短，以搅拌均匀为准；砼的运输、振捣与普通砼施工一样；但是对于自防水砼更要注意振捣密实，不能漏振、过振。

浇筑后的砼，应加以养护，及时用草帘覆盖。砼硬化后，要有专人负责养护，养护时间不少于 14 天，如出现蜂窝孔洞，可把松散地方剔除，精心处理后，再用掺 PNC 的砂浆或细石砼修补好。

（3）多道设防、刚柔相济：多道设防就是从工程地质、结构、施工等几方面综合考虑，除了自防水以外，卷材、涂料复合使用，充分利用不同防水材料的材性。目前较为普遍的做法，是在工程围护结构的迎水面上粘贴防水卷材或涂刷涂料防水层，然后做保护层，再做好回填土和地面防水，达到多道设防、刚柔相济的原则。

第二，细部构造防水应精心施工。

（1）严把材料关，俗话说“材料是基础”，对材料要确保其品种必须符合设计要求，其质量抽检必须合格而且有出厂合格证和准用证。

（2）规范施工，施工包括管理和操作两个方面。施工管理方面应做好交底，跟踪检查要旁站监督、及时抽查，发现问题要及时纠正和返工。操作方面要按交底的要求和施工顺序进行，注意找平层要清刷干净，基层处理剂应涂刷均匀，使用的防水卷材道数、厚度应符合标准，铺贴卷材应平整、顺直，搭接尺寸不应小于100mm，相邻两幅应错开1/3幅宽，不得有扭曲和褶皱。收口和细部处理应符合要求，完工后一旦检查合格，应及时做保护层和回填土。

（3）细部构造主要包括施工缝、变形缝、后浇带、预埋螺栓、预埋铁件、穿墙套管等做法。这些部位最容易出现渗漏现象，工程界有所谓“十缝九漏”之说，所以我们必须认真对待。

目前常用的做法是采用止水带，止水带常用钢板止水带和BW橡胶止水带，二者效果较好，操作也比较简单，但埋设部位必须符合设计要求。

①钢板止水带。

施工中应注意止水带的规格、尺寸、形状应符合设计要求。为便于操作，一般将其加工成每段≤2m，施工时应注意搭接，焊缝面应注意焊好，转角处应处理合理，安好的止水钢板应与墙体（或板）的钢筋固定牢固，钢板应顺直不得扭曲，水平缝使用钢板止水带尤应慎重。

②BW橡胶止水带。

该材料为200mm×30mm的长条柔软固体，浸入水中，膨胀率为

100% ~500%，施工方便。将砼表面清洗干净，撕掉 BW 止水带隔离纸，利用材料本身的黏性，将其粘在砼表面上，冬天粘贴力较低或用于垂直缝上时，可每隔 1m 钉一个钢钉，加以固定，然后即可浇筑砼。BW 橡胶止水带的应用简化了施工缝的施工工艺，防水性能也较可靠。

③施工缝除注意止水带的施工外，还应注意砼浇筑前的砼面清理、湿润和新老砼的结合问题。

④使用防水螺栓。

为了消除墙体穿墙螺栓遗留的渗漏隐患，地下室外墙模板宜用一次性的防水螺栓。止水环采用 4mm 厚的钢板，直径 80mm，要求与螺栓满焊牢固，外墙螺栓在拆除模板后，在外墙螺栓的根部剔凿 40mm 深的缺口，用气焊烧断螺栓，用防水砂浆将缺口堵抹压实。

⑤预埋铁件的处理。

设计中一般预埋铁件的锚固都是直的，而且有时其长度接近结构厚度，这样也能造成渗漏。

预埋铁件如已经不使用，需要剔凿铁件周围 40mm 深的喇叭口，用气焊烧断铁件，再用防水砂浆封填涂抹压实；预埋铁件如仍在使用，如铁件周围混凝土基层密实，可直接用防水密封材料涂刷铁件周围 50mm，如铁件周围有蜂窝、麻面，需剔凿蜂窝、麻面后填补防水砂浆，再进行防水密封涂料涂刷。

⑥穿墙管道的防水处理。

在管道穿过防水结构处，要预埋套管，在套管上加焊止水环，要满焊严密，止水环数量按设计规定安装。穿管时，先将管道穿过预埋套管，并将位置找准，作临时固定，然后将一端套管用封口钢板焊牢，再将另一端套管和穿管之间的缝隙用防水密封材料嵌填密实，并将封口钢板封堵严密。

31. 常用的家居防水施工工具和机具有哪些？

第一，家居防水常用辅助工具。

（1）小平铲：铲有软硬两种，软性小平铲适用于调制弹性密封膏，硬性小平铲适用于清理基层。

（2）扫帚：用于清扫基层，一般扫帚即可。

（3）拖布：用于清扫基层的灰尘，一般拖布即可。

（4）钢丝刷：用于清除基层灰浆，可采用家用普通型钢丝刷。

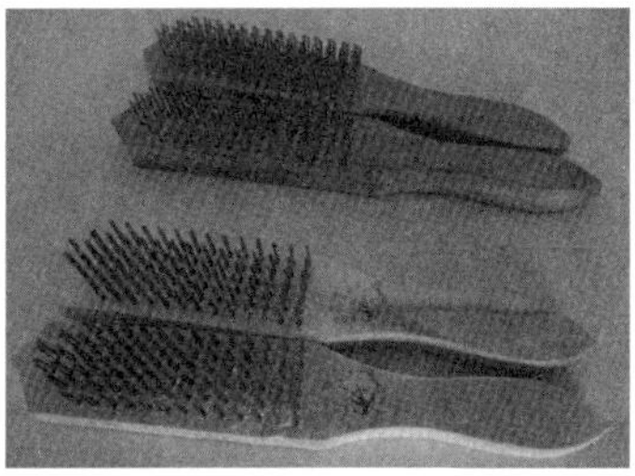

（5）皮老虎：用于清除接缝内灰尘。

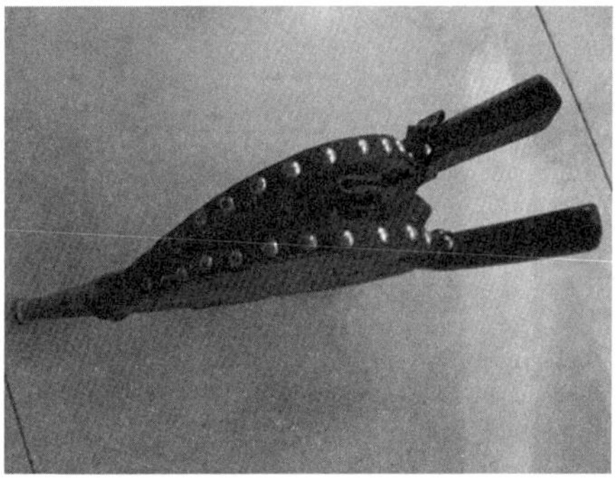

（6）滚动刷、毛刷：用于滚涂水泥浆料、防水涂料。

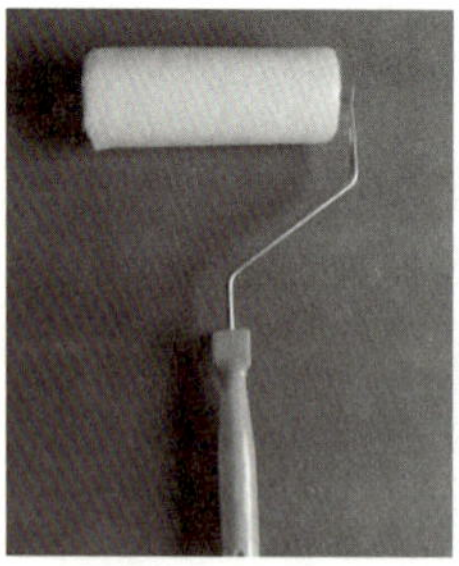
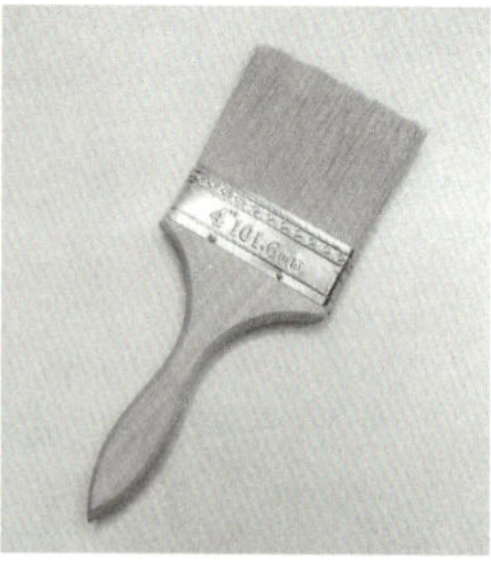

（7）铁锹：用于清除垃圾、浮浆等杂物。

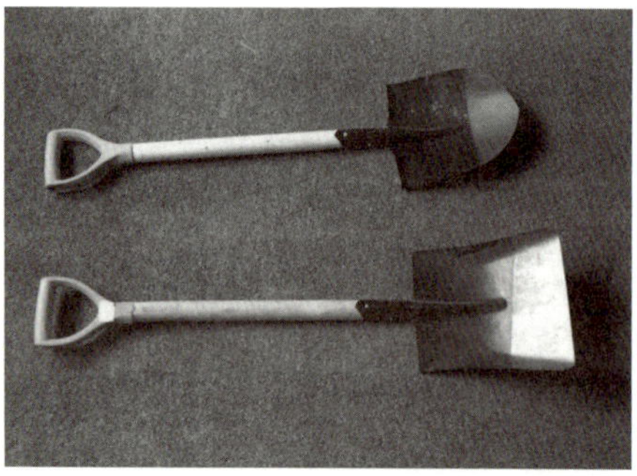

（8）搅拌、装水桶：用于搅拌防水涂料和装水。

（9）刮板：用于刮防水涂料、刮压排气。

（10）钢卷尺：用于度量尺寸。

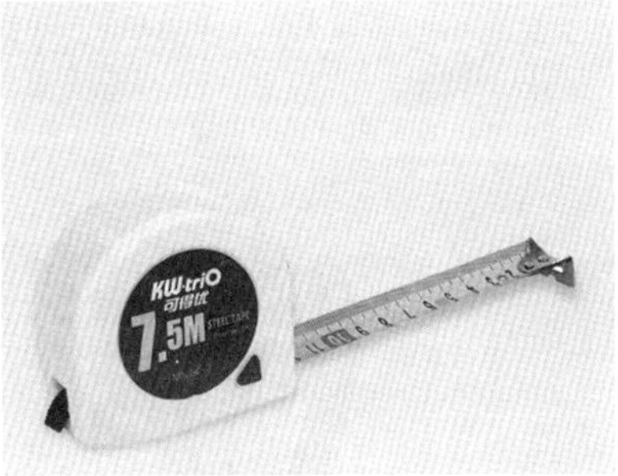

（11）剪刀：用于剪裁防水卷材。

（12）灭火器：用于消防。

（13）煤气喷枪：用于热熔防水卷材。

第二，防水涂料施工常用机具。

（1）喷涂机：用于涂料类施工。

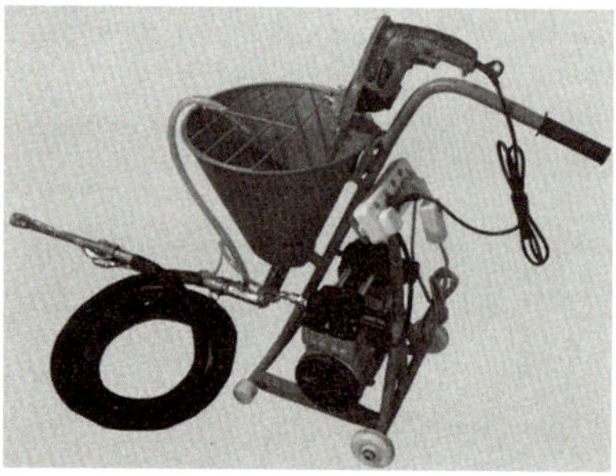

（2）灌浆机：用于堵漏防水施工。

（3）电动电锤：用于钻孔打钉、清理浮浆。

32. 家居防水怎样编制施工方案？

常见的家居防水施工方案包含五个章节：

第一章节，工程概况。这一部分须简单介绍一下项目情况，如地址、工程数量、防水部位、防水面积等。字数一般不超过200字。

第二章节，执行标准和规范。如××国家规范标准、××地方规范标准、××公司章程等，要体现标准化施工。

第三章节，设计方案。这一方案是表达自己要怎么做，是方案的核心内容，一定要精准，根据每个部位的不同，设计的方案也各不一样，要因地制宜。

第四章节，施工工艺。简单描述重要的步骤做法、重要的关键节点做法即可。

第五章节，技术统计表，即业绩表。在家居防水施工方案中，一定要有这样一个表，统计自己以往的工程类型、成功率、返修率、工程日期。

施工方案一定要体面，要准备纸质文件和电子文件，好的施工方案一定是内容和外观的完美结合。

常备几份定期更新的施工方案是很有必要的。定期根据自己的实际情况来更新方案，只留下能代表自己最高实力的项目详情，其他一笔带过。

33. 家居防水施工前对基层有何要求？如何处理？

家居防水施工，其基层处理是一项至关重要的基础工作。

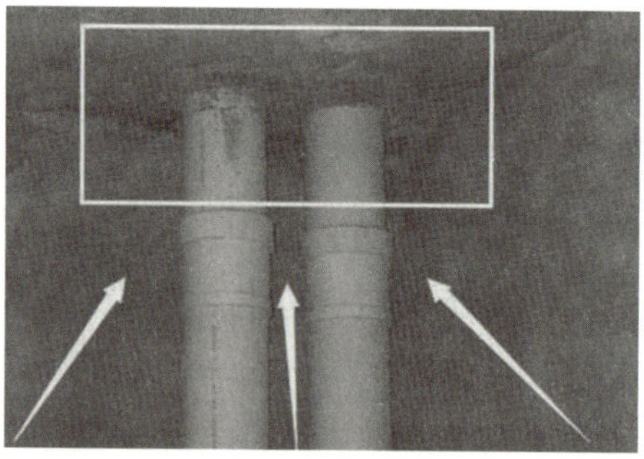

家居防水施工前的基层要求与处理：

（1）基层应坚实、干净、平整，无油污、浮尘、碎屑及尖锐棱角，要用铁铲、扫帚清理干净，表面不得有起砂、疏松、剥落和凹凸不平现象，表面含水率不应大于9%。

（2）基层上的凹凸和裂缝（无害、非结构裂缝）等应用水泥砂浆填补找平，并要达到一定强度。

（3）所有细部节点和阴阳角均用水泥砂浆做圆弧或45°倒角处理。

（4）管道、设备底座等安装固定完毕。

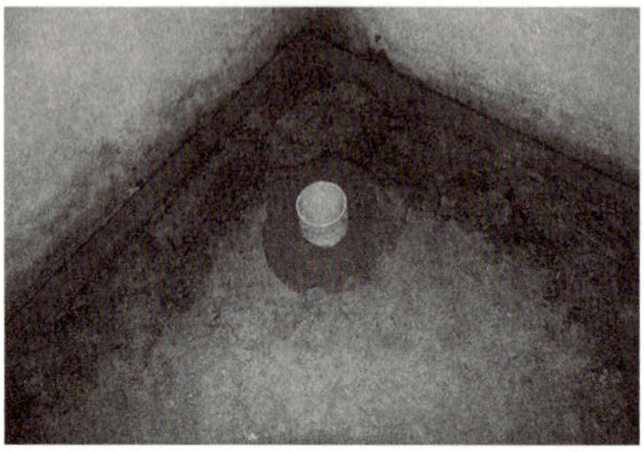

34. 家居防水施工前地面为什么要找坡?

在家居防水施工开始之前，设置合理的排水坡是一项至关重要的基础工作。设置合理的排水坡，把水集中流向坡度较小的位置，防排结合，不仅能增强防水效果，而且有利于延长防水材料的使用寿命，避免水体长期浸泡腐蚀防水材料。

以下是由于排水坡施工设置不当，导致排水困难，甚至渗漏的情形：

（1）阳台地面。

阳台地面的防水，第一要确保地面有坡度，低的一边为排水口；第二要确保阳台和客厅间至少有 2cm 的高度差。

（2）阳台推拉门。

（3）厨房。

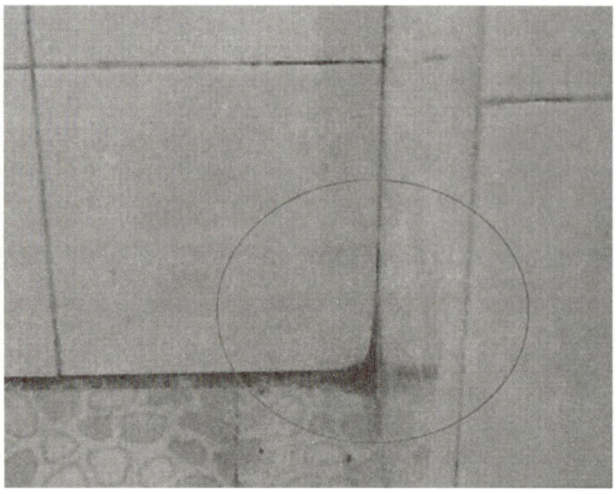

厨房排水坡度设置不当，易在厨房中形成积水，不但有很大的渗漏隐患，而且二期厨房的墙、地砖多选择亚光砖和仿古砖，长时间污渍积聚，很难清理。

（4）地漏。

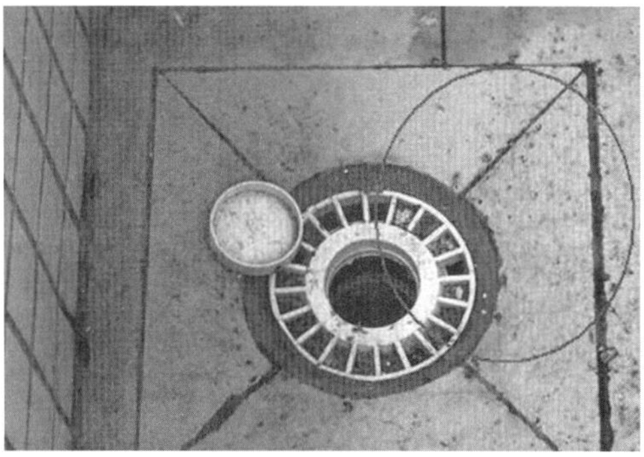

厨房的地漏一定要在地面上设置，以避免引水管跑水而引发橱柜受潮变形。

35. 家居防水施工前阴阳角如何加强处理？

阴阳角是建筑构造中的一个专有名词，许多业主在首次装修房屋时，提到阴阳角都会感到陌生。其实阴阳角存在于我们房屋中的每一个角落，下面就来了解一下阴阳角的基本知识。

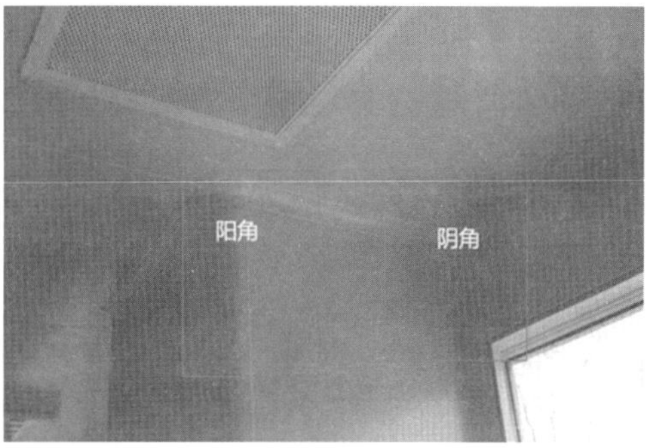

第一，阴阳角概念。

阴角和阳角是两个墙面相交形成的角，凹进去的叫阴角，凸出来的叫阳角，简单来讲，墙面凹进去的墙角就是阴角，相反，墙面凸起来的就是阳角，如下图所示。

第二，对阴阳角加强处理的原因。

（1）墙体和地面不是一个整体。我们知道，墙体是在地面结构层的平面基础上，用砖块垒起来的。那么，在两者的交接部位难免会有缝隙。对阴阳角进行抹弧处理、放水施工时，墙面和地面的防水层很好地形成一个整体，水就不会再往缝隙渗漏了。

（2）一般使用防水涂料施工时是从上往下刷，这样就容易造成涂料的堆积。厚厚的一层涂料堆积在墙角，一来不容易干燥，二来容易产生裂缝。

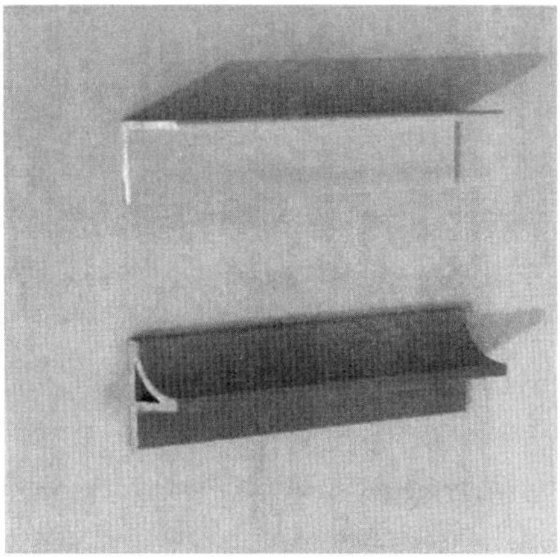

第三，阴阳角圆弧的做法。

阴阳角圆弧是指对阴阳角进行抹弧处理（阴角直径不小于50mm，阳角直径不小于10mm或45°倒角），涂料宜选用刚性防水涂料，可以选用水泥基渗透结晶型防水涂料，保证涂料能与基层混凝土墙、地面结合成一个体系，不易老化，耐水性好。

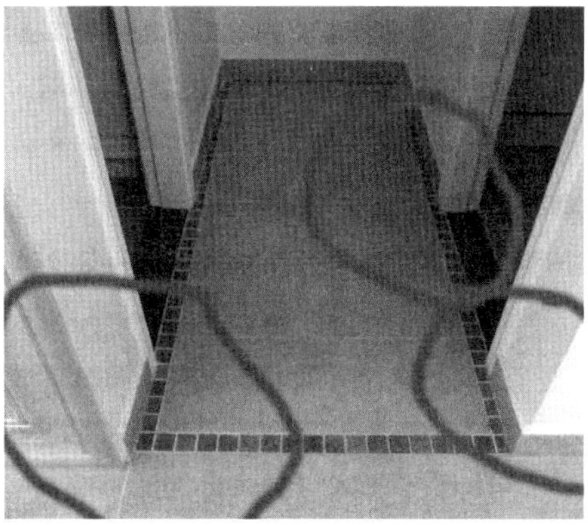

第四，阴阳角抹弧处理注意事项。

（1）该部位施工前应该进行喷水润湿，然后再进行抹弧处理。

（2）由于施工涂料主要为刚性，而且含水泥，需要在施工后充分润湿养护，以防过早失水开裂或粉化。

（3）在“圆弧”表面铺聚酯布或玻纤网格布，然后涂刷防水涂料。

36. 家居防水如何设置防水附加增强层？

家居防水层在某些位置上由于应力集中、变形频繁、雨水冲刷严重或外力损害，会较早地出现局部损坏，导致整个防水层未到耐用年限即需返修。因此，在防水工程设计和施工中，对容易造成局部损坏的薄弱部位应设置附加增强层，以提高防水层的整体设防能力，延长防水层的使用寿命。附加增强层是指对防水设防中的薄弱节点作增强处理的层次，GB 50345—2012《屋面工程技术规范》中提到附加增强层有卷材增强层、涂膜增强层和密封增强层，需增强部位有阴阳角、板端缝、天沟、檐沟、水落口、排水口、防水层收头、出入口、穿过防水层管道、压顶、分格缝、排水沟、门窗框、腰线、设施基座、结构混凝土的裂缝等。根据结构和选材，家居防水中的附加增强层设置有下述几种做法。

（1）阴阳角。

屋面的平面与立面交角处、地下室底面与墙面内外交角处、檐口与天沟交接处、天沟转角处、两个立面转角处形成阴阳角。这些部位常由于混凝土、砂浆干缩和温差变形产生应力集中，导致开裂，有些裂缝宽度可扩展到5mm。阴阳角的附加增强层可采用卷材条，即在交角处铺贴1层100~150mm宽的卷材条用以加强。但由于卷材较硬挺，在交角处难以铺平、铺实，往往采用涂料加增强胎体布作为附加增强层，即在交角处涂150~200mm宽、1~2mm厚的加胎体的涂层。胎体铺贴时切忌拉紧，应松弛不皱。在3面交角处采用涂料增强，效果就更好了。

（2）屋面天沟、檐沟和檐口。

天沟、檐沟和檐口处不但容易变形，而且易受雨水严重冲刷，沟中也常常因长期积水、干湿交替而对防水造成严重破坏。很多工程的防水层，首先是由于沟中或沟沿防水层提早失效而发生渗漏，因此应在这些部位设置附加增强层。由于天沟平面多变，施工工作面小，不利于使用卷材，因此，当今许多设计以涂膜防水予以配套。对于天沟、檐沟和檐口处一般都作涂膜增强，有一布三涂和二布四涂两种做法。一布三涂：涂料先涂一遍，然后上网格防水增强布，再在网格布上涂两遍。二布四涂：涂第一遍涂料；表干后涂第二遍涂料，同时铺一层网格布；待实干后涂第三遍涂料；表干后再铺一层网格布，涂第四遍涂料。

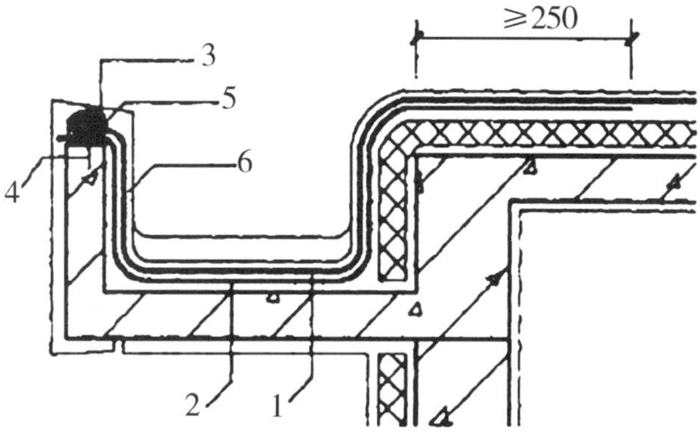

1——防水层；2——附加层； 3——密封材料；
4——水泥钉；5——金属压条；6——保护层

卷材、涂膜防水屋面檐沟

（3）水落口、地漏、过水孔。

这些部位处在两种材料交接处，由于混凝土、砂浆的干缩和胀缩系数不同，会使水落口、地漏、过水孔的周边产生裂缝。另外，这些也是雨水集中且容易积水的部位，而且所处位置工作面狭小，施工工序又多，施工质量难以保证。根据节点设防原则，应进行多道设防和节点密封处理。

（4）穿过防水层的管道和预埋件。

由于管道或预埋件和周围混凝土胀缩系数的不同，在管道和预埋件周围就会开裂发生渗漏。因此抹找平层时管道根部应高出屋面并增设二布五涂的涂膜附加层。地下室及水池中穿过防水层的管道周围应留槽并用密封胶密封，管道中部加一圈遇水膨胀橡胶条。

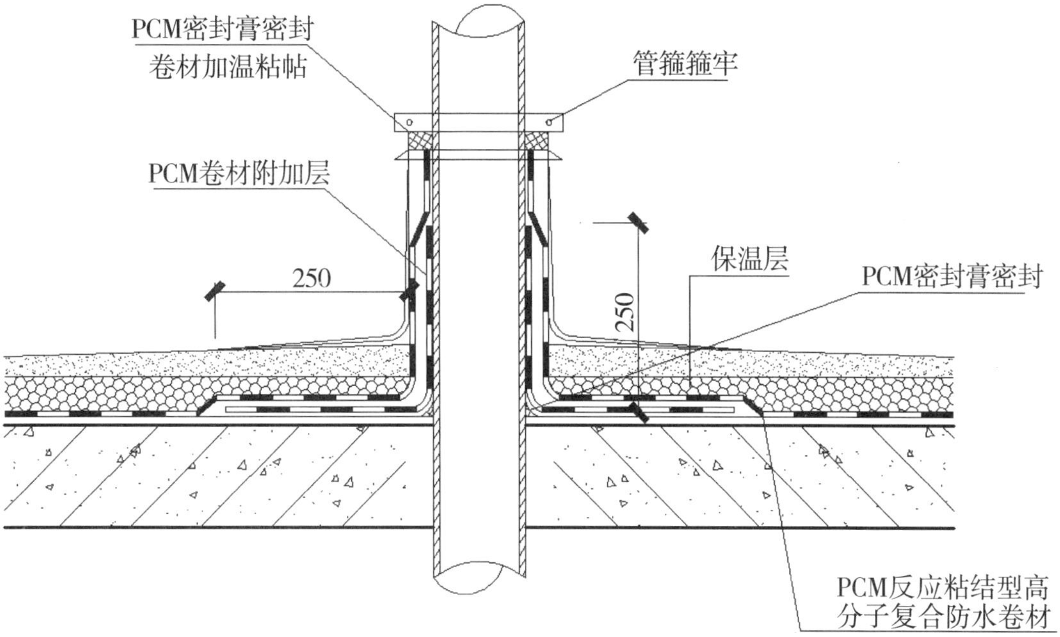

穿墙管道根部防水做法

（5）分格缝。

为避免刚性防水层或找平层干缩和温差造成开裂，应预先设置分格缝，分格缝有全分格、半分格（诱导缝）、埋置塑料模条分格等，作用是将块体的变形集中于缝中。缝的大小经常随时间变化，因此必须在缝中嵌填高弹性密封材料，表面再用涂料加胎体覆盖。

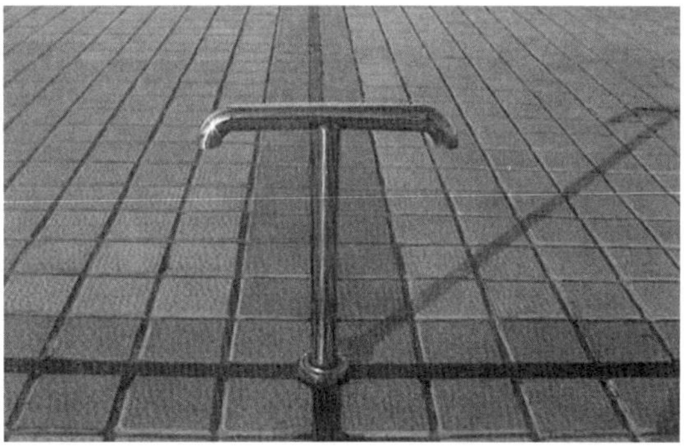

（6）排水沟、坑及室内厨浴间。

沟、坑的交角处是最易发生开裂的部位。地面与沟、坑的交角处、有盖板的凹槽处常因形状复杂而产生质量问题，因此在这些部位应作附加增强层处理。一般附加增强层为一布三涂，因室内地沟和坑的基层形状复杂，应采用涂料防水，不宜用卷材。

（7）门窗框周边和腰线。

外门窗框的周边是渗漏的主要部位，腰线的上下部位也都是容易开裂处。因此要用密封材料增强处理，即在门窗框与墙间留凹槽，填嵌高弹性密封胶，腰线上下交角处应做较大圆角和向外的坡度，涂刷透明防水胶增强。

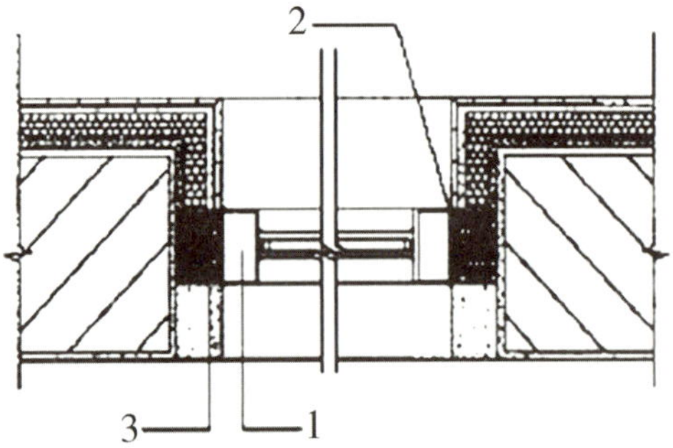

1——窗框；2——密封材料；3——聚合物水泥防水砂浆或发泡聚氨酯

门窗框防水平剖面构造

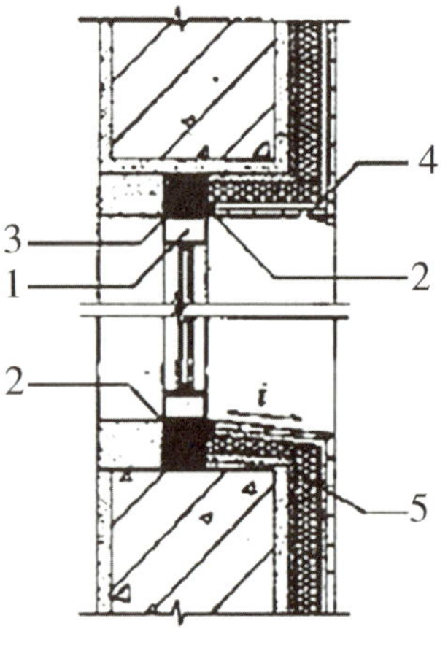

1——窗框；2——密封材料；3——聚合物水泥防水砂浆或发泡聚氨酯；4——滴水线；5——外墙防水层

门窗框防水立剖面构造

（8）屋面上设备基座。

在屋面防水层上安装设备时，应在防水层上作隔离层后浇筑细石混凝土保护层，视设备质量决定其厚度，但不应小于30mm。

（9）结构混凝土开裂。

结构裂缝是目前既普遍又难处理的一个问题。由于配比、水灰比、材质、振捣、养护、模板、气候等多种因素，混凝土在防水层施工前常发生开裂。若在防水层施工后开裂，将更难处理。防水层施工前发生开裂，可在裂缝处涂刷10～20mm的抗裂胶（压敏胶），然后进行防水层施工，如裂缝较大，宜先进行灌浆堵漏处理。如在防水层施工后开裂，因防水层黏结过牢，宽度大于0.2mm的混凝土裂缝就可能将防水层拉裂，而且很难预料裂缝的位置，因此如出现防水层被拉裂的现象，宜采用抗裂胶对裂缝两侧50～100mm范围进行处理后，再将防水层修补完整。

（10）外墙变形缝。

变形缝内卷材宜采用耐久性强、耐老化性强、抗拉强度高、延伸率大的合成高分子卷材，施工时应裁切正确并放线铺贴，变形缝内卷材预留足够的变形余量。

宜采用双面丁基橡胶粘带进行黏结及搭接；卷材收口宽度宜为150mm，并采用金属压条钉进行钉压，以及采用耐候合成高分子密封胶进行密封。

37. 家居防水涂料施工中为什么会产生气泡？

随着防水涂料工业的快速发展，涂料的品种、档次不断升级，人们对涂料的环保性、装饰性也提出了更高的要求。因此，家居防水涂料的表面状态十分引人关注。气泡的存在，严重影响了涂膜的外观效果，往往会造成涂膜缩孔、针孔、疵点、鱼眼等弊病。所以，涂层起泡问题，已不仅影响到涂膜的保护效果，而且也大大影响了涂膜的装饰效果。

第一，气泡的特征及分类。

在涂料生产过程中，气泡作为干扰因素出现，使涂料产品在应用时产生表面缺陷，既有损外观，也会影响涂膜的防腐性和耐候性。气泡有大有小，气泡内可以含液体、蒸汽、其他气体或结晶物。气泡的尺寸多与涂料对基材表面的附着力、泡内液体或气体的压力，以及为了跟涂料基材的附着力保持平衡而将涂膜拉伸反向顶起的程度有关。

按其形态，气泡可分为泡和泡沫两种。泡是指单个的、球形的、微小的空气分散在高黏介质中的小泡，溶剂型防水涂料产生的气泡多为此类。泡沫则是出现在易起泡的介质中。该类介质分散时，由于空气的填充密度大，往往会产生大量的气泡，因为空气和液体的密度相差很大，气泡会很快地上升到液面，形成以少量液体构成的、依靠液膜隔开的气泡密集体，水性涂料起泡多为此类。

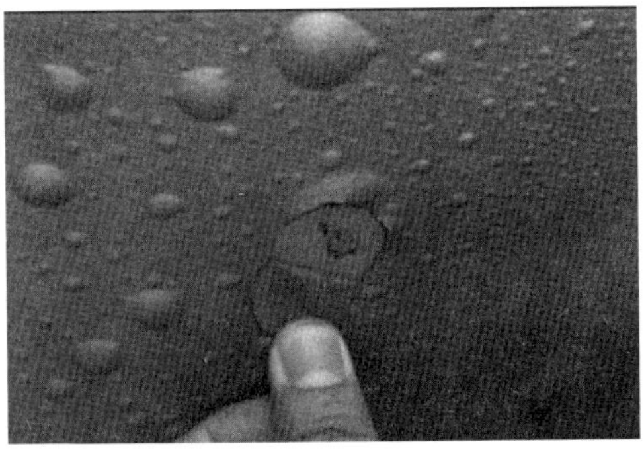
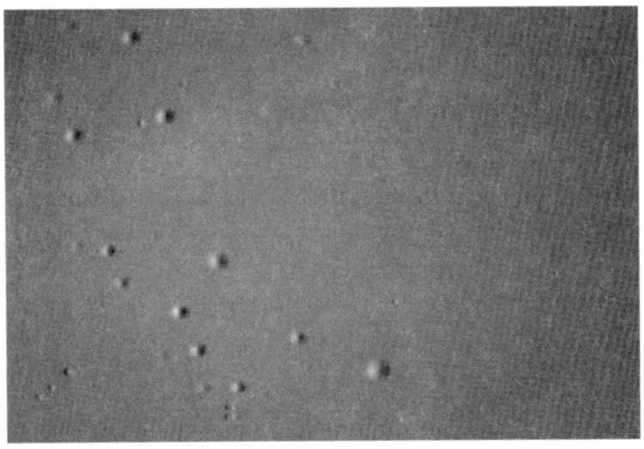

第二，气泡产生的原因。

涂层起泡通常是伴随涂层老化过程发生的，从此意义上说，起泡可分为膨胀起泡和腐蚀起泡两种。涂层起泡通常有以下几方面的原因。

（1）基材表面处理不当。基材表面氧化物、可溶性盐等物质是涂层起泡的诱发点。由于基材表面沾染蜡质、油污、尘土、可溶性盐等物质，或基材表面有潮气、水珠、挥发性液体存在，或表面处理时，工件凹处有锈、潮气等，造成涂膜干燥后，这些地方的涂层与基材表面附着不牢，潮气积聚于低附着力区域，使这些区域中积聚液相或气相。当温度变化时，其受热膨胀产生的蒸气压是气泡生成的主要原因。若处于湿热环境中，蒸气压、渗透压双重作用更会加剧气泡产生。未除净的锈蚀、氧化皮等与涂料中的某些物质或从涂膜微观通道内渗入的水、气体、腐蚀介质反应，生成气体，加上环境温度、湿度的影响，也会造成涂层起泡。

（2）溶解于涂料内的气体随温度升高而释放。经涂装形成的湿膜中，尚含有约10%的挥发溶剂，其他约90%的溶剂已在涂装过程中挥发到空气中，另外一些涂料中溶剂不适当的挥发也会造成溶剂残留。溶剂的残留除与溶剂的挥发速度和外部条件有关外，还与它们与溶质的相互作用及填料的吸附性等有关。涂料中残留的溶剂就像增塑剂一样，会使涂膜变软。由于溶剂对水有一定的敏感性，残留溶剂能增加涂膜对水的吸收和涂料中潮气的转移。如果涂料本身的黏结不牢，则其耐水性的下降会引起附着力丧失，致使涂层起泡。

（3）多孔性底材残留的气体。溶剂也会引起涂膜在多孔性底材（如水泥、木材）上起泡。通常有机涂料涂布在无机底材上，且表面温度较高时易出现起泡现象。此时气泡的生成速度极快，易破裂而露出底材。这类气泡可通过涂抹渗透型底漆而消除。渗透型底漆通常黏度低，成膜薄，能迅速干燥，并有足够时间渗透。此外，避开高温时间施工等也可避免此类气泡。

（4）颜料或填料表面吸附气体或液体。涂料中可溶性颜料是许多泡类弊病产生的原因。可溶性颜料吸收透过涂层的潮气，变成溶液。由于渗透作用，水将通过涂层被导入浓溶液处。另外，如可溶性颜料沾染了基材或涂层之间的任一表面，同样的现象也会发生。因此，只要涂料中含有可溶性物质，则起泡现象不可避免。

第三，对涂层起泡的控制。

从施工角度而言，涂层起泡的原因通常有两类：一是由于对涂料生产过程控制不严格，比如溶剂或树脂含水、颜料或填料受潮等；二是由于涂料施工管理松散。所以，控制涂层起泡，一方面要控制涂料生产过程，另一方面要控制涂料的施工过程。

（1）要加强生产管理。涂料生产时，严格控制所用颜料、填料及溶剂的含水量；在底漆配方中，尽量避免使用可溶性的填料；使用溶剂要兼顾其挥发平衡，避免溶剂过多残留；在高湿环境中，使用渗透性低的基料。

（2）要加强施工管理。施工时要避免高温、潮湿等不良气候环境，被涂装表面温度应保持在露点温度3℃以上，相对湿度不高于85%；施工前如果涂层遇雨或凝露、结霜等，要在其干燥后，方可涂刷下一道涂料；施工前应将涂料稀释搅拌且静置一段时间后再涂刷，特别是双组分涂料应有一定的熟化期，从而避免混合不均匀和反应产生热，引发起泡现象；控制涂层厚度，降低其透水性；控制表面打磨程度，粗糙度太大易产生漏涂、空穴，必然引发起泡现象；底材经预处理后，表面一定要保持干净，不得留下电解质、粉尘、油脂等影响涂料附着力的杂质；制品使用和保存时，尽量避免高温、高湿环境，减少直接与水接触的机会；涂刷多孔性底材时，应先涂刷渗透性好的封闭底漆，尽量驱除孔内空气、溶剂等残留物。

综上所述，涂层的起泡原因比较复杂，我们应尽量避免气泡的产生，从而得到一个完美的涂层，取得装饰和防护俱佳的效果。

38. 家居防水施工前管根是否需要做特殊处理？

家居防水施工涉及各种细部节点，主要是墙角、管根、地漏等，这些细部形状各异，材质也各有不同，施工质量完好率不高，防水施工时一般都需要增强细部节点处理，如柔性密封防水、设置附加层。在家庭住宅中，卫生间是与水接触最多的区域，因此，卫生间细部节点的防水施工显得尤为重要。

由于特殊部位很容易出现渗漏，而且一旦渗漏，无法弥补，所以一般在施工过程中用特殊水泥基修补砂浆对有缺陷的地方进行修补。

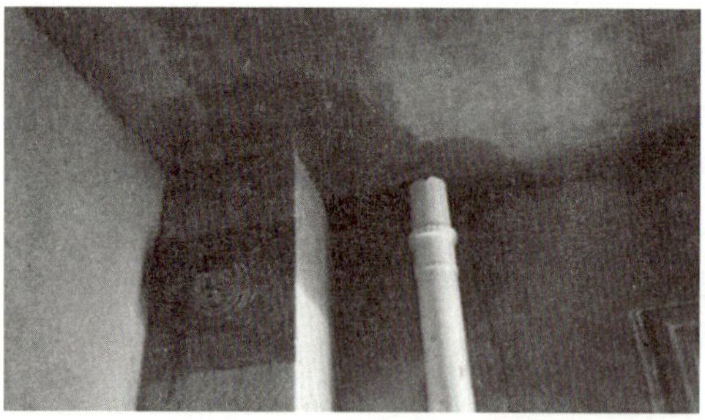

以卫生间防水施工中管根细部节点的做法为例加以说明。

（1）管道清理：用胶带将下水管口封闭，管道上的浮动水泥浆或凸起尖锐物用铲刀铲平，并用钢丝刷打磨清理。

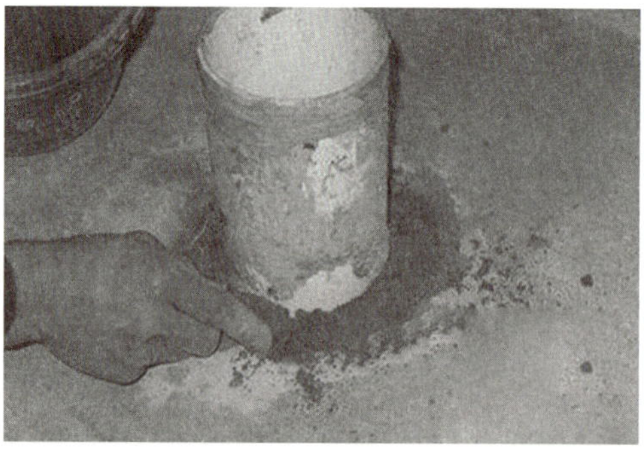

（2）开槽处理：用锤子、凿子在管根周边剔宽20mm、深10mm的凹槽。

（3）基层清理：用毛刷将基层表面浮土、浮灰、浮砂清扫干净。

（4）管根抹弧：喷水润湿，并采用防水堵漏王进行抹弧处理，防止因涂料堆积出现开裂。

（5）在管边四周涂刷粘弹防水密封涂料进行密封。

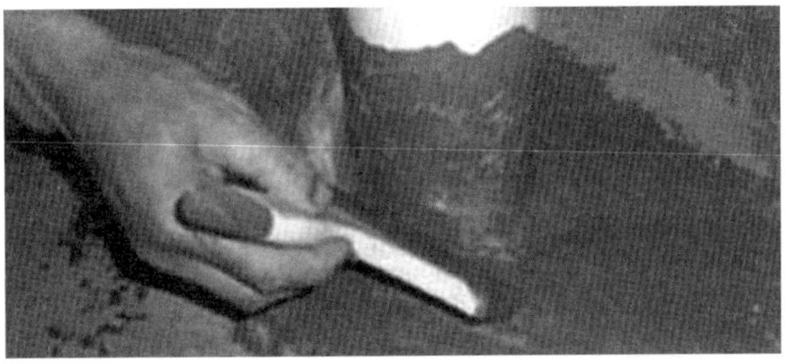

39. 家居防水层施工中对涂刷遍数与厚度有何要求?

一般情况下，防水层厚度为 1.5 ~ 2mm，而管道口、转角处和凹凸不平的基层是防水施工的重点部位，因热胀冷缩系数的不同，易引发干缩、裂缝，严重的会导致渗水。对这些部位建议用防水涂料多次薄涂，每一次不能超过 0.5mm。

防水涂料的单遍涂刷厚度是根据涂料特性确定的，其涂刷遍数是根据设计厚度要求确定的。防水涂料的设计厚度决定了涂刷遍数，而非用简单的涂刷遍数来反映防水层的好坏。

聚合物水泥防水涂料为挥发型固化成膜，一般单遍施工厚度为0.5 ~ 0.6mm，每一遍间隔时间为 4 ~ 6h。现场环境温度低、湿度大、通风不好，干固时间长些；反之则短些。

聚氨酯防水涂料一般为反应型固化成膜，单遍施工厚度为 0.8 ~ 1.0mm，每一遍间隔时间为 4 ~ 6h。现场环境温度情况对聚氨酯防水涂料的固化有一定的影响，现场环境温度低、湿度大、通风不好，干固时间长些；反之则短些。

防水涂料施工要求薄涂多遍。施工时，要求厚度一致并确保涂料在基层的渗透和黏结。第一道涂层表干固后则可进行第二道涂刮，第二道涂料的涂刮方向应与第一道的涂刮方向垂直。

40. 家装卫生间防水施工中如何设置防水高度?

家装卫生间防水施工中防水高度的设置，是卫生间装修的重要环节。如果卫生间防水做得不好，对以后的生活质量影响是非常大的。一般来说，卫生间墙面的另一面出现涂料起壳（起皮），往往就是卫生间的水蒸气透过墙体导致的。

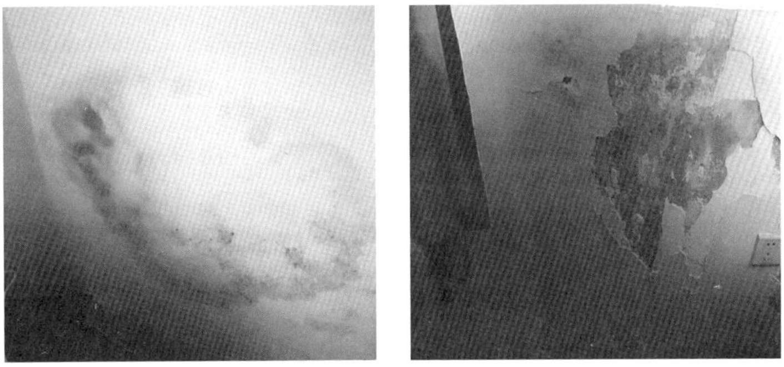

那么家装卫生间防水高度应该是多少？现在为大家详细介绍一下。

第一，卫生间地面的防水高度。

卫生间地面的防水是在装修卫生间环节中最重要的部分，对其防水厚度要做到精细设置。卫生间地面防水处理，通常我们选用浇钢筋混凝土楼板铺面，并设置 1∶3 的水泥砂浆找坡层，地面最薄处也要有 20～30mm 厚的干硬性水泥砂浆结合层，坡向地漏，一次抹平。

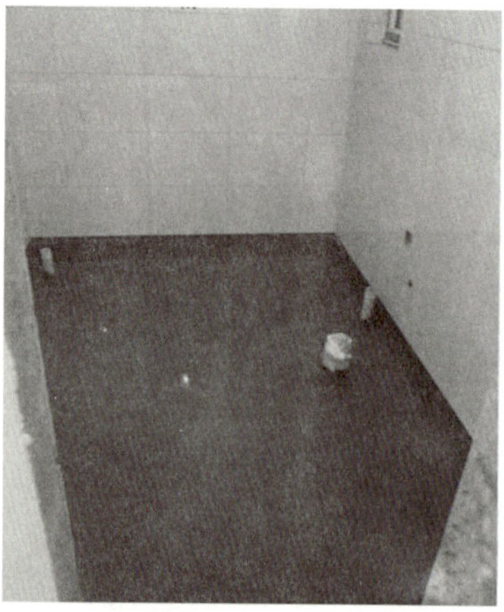

第二，卫生间墙面的防水高度。

根据规范，墙面防水一般要做高出地面30cm的防水处理，而对于非承重的墙面，在对整面墙做防水的时候，其防水高度至少也要有1.8m高。如有浴缸，与浴缸相邻的墙面防水高度应比浴缸高出30cm。

第三，卫生间地砖的防水高度。

地砖安装是卫生间防水的一个重要组成部分，除了在铺设地砖时要在表层下做防水层、选用水泥砂浆将地面找平、涂防水涂料外，地砖防水层四周与墙接触处应向上围起，高出地面25~30cm。卫生间下水道的防水高度关系到我们的健康问题，所以在做处理的时候要考虑怎样才能不让排水管道内的臭气倒溢下水道并进入室内，防止下水道堵塞等问题的发生。

第四，卫生间洗脸盆、便池的防水高度。

卫生间里与洗脸盆接触的墙面，其防水高度是自地面起至洗脸盆以上300mm；家庭卫生间里如果安装的不是马桶而是便池，那么它的防水高度是自地面以上1800mm。卫生间里穿过楼板的管道（包括套管），其防水高度是自管根部以上约100mm。

41. 家居防水涂料施工如何防止泛碱?

一般家庭建筑或工程建筑使用的硅酸盐混凝土，在经过一段时间后（时间可长可短），墙面会出现盐霜似的晶体，长年不褪，严重影响外观。这是因为普通混凝土为硅酸盐，遇空气或者墙体内的水汽，硅酸根离子发生水解反应，生成的氢氧根与金属离子结合形成溶解度较小的氢氧化物（化学性质为碱性），当气温升高，水蒸气蒸发，将氢氧化物从墙体中析出，随着水分的逐渐蒸发，氢氧化物就被析出于混凝土水泥表面，使得原本的装饰涂料或者油漆等物料被顶起，不再黏附墙面，就发生泛白、起皮、脱落，此种现象被称为“泛碱”。

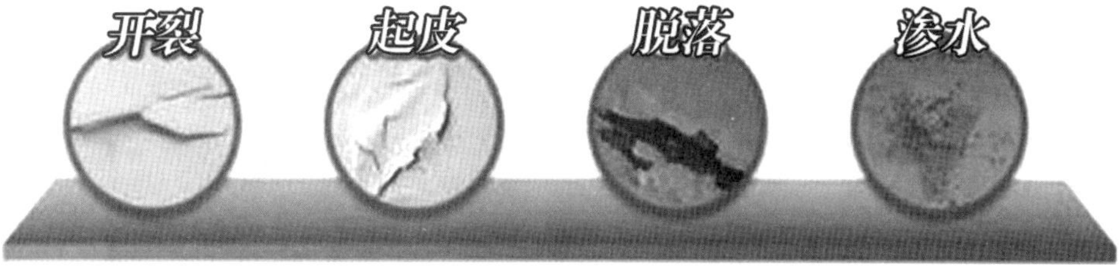

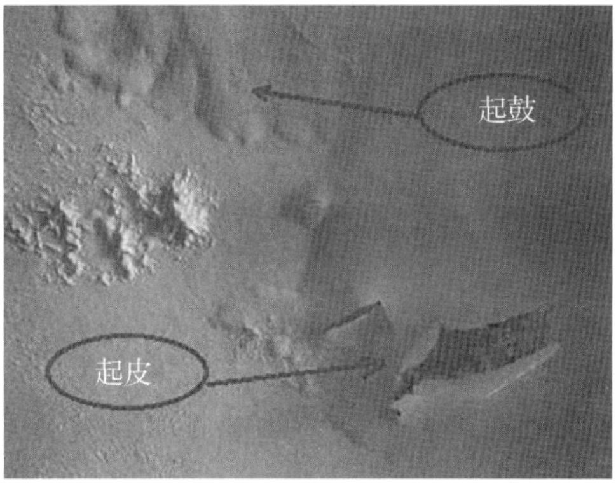

第一，泛碱的预防。

预防泛碱重点是要在施工前解决水泥泛碱的问题，可使用面砖抗泛碱剂（抑碱剂）。面砖抗泛碱剂含不定形高活性游离氧化硅和高吸附剂材料，加入水泥干粉砂浆体系的产品中能显著降低物料中游离氢氧化钙的含量，可抑制水泥砂浆表面泛碱现象的产生，从根本上解决建筑材料的泛碱问题。

第二，泛碱的处理。

（1）操作工具：手套、铲刀、钢丝刷、毛刷等。

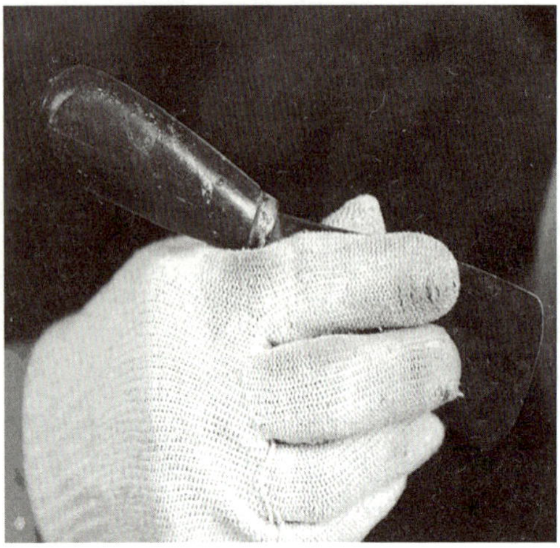

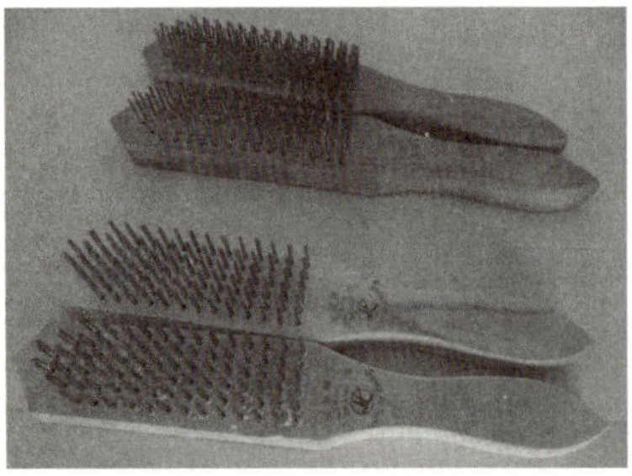

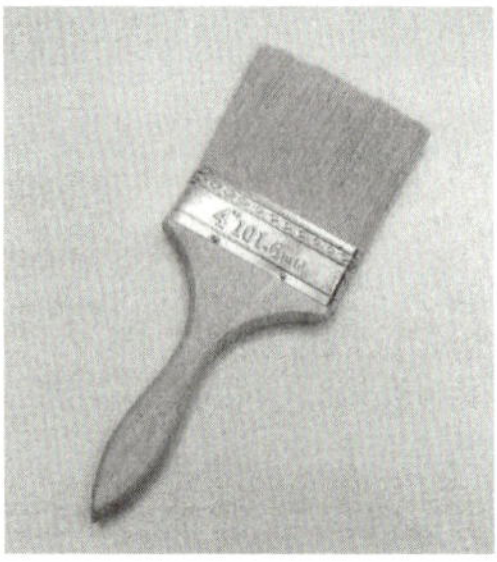

（2）施工操作流程：

墙面基层处理

刮涂防潮腻子两遍

腻子层打磨

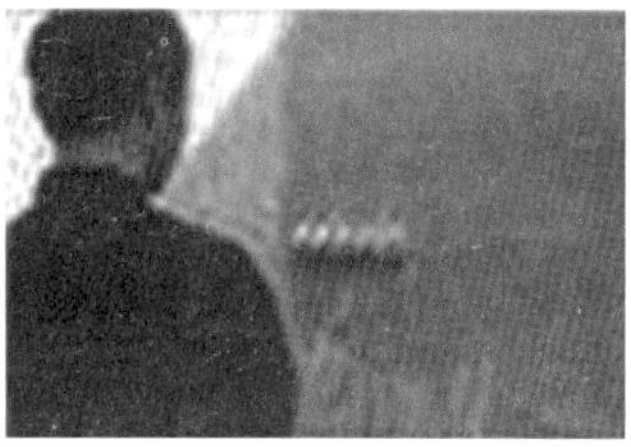
腻子养护

滚涂抗碱底漆

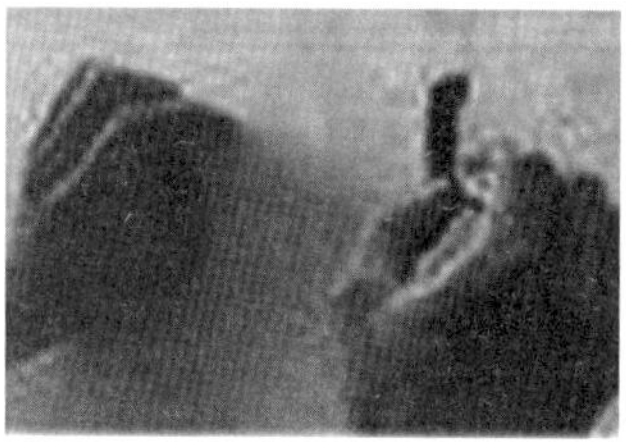
分格缝弹线涂刷分格缝漆

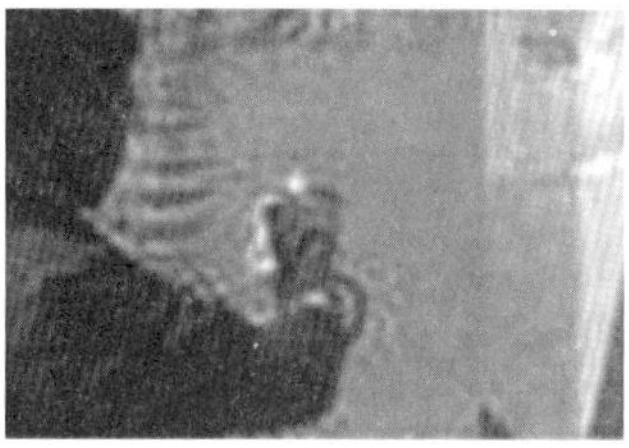
真石漆施工

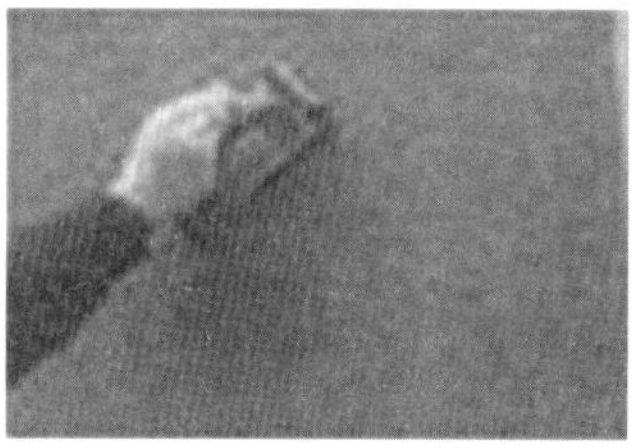
表面打磨

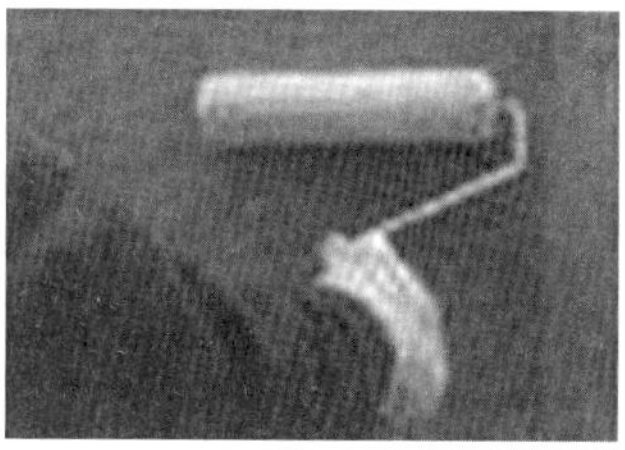
罩面漆施工

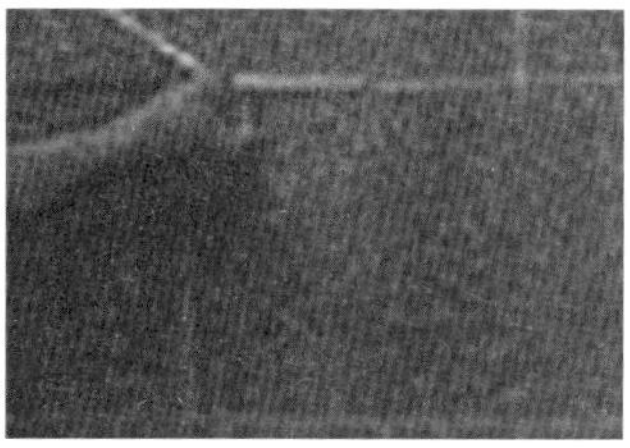
撕揭分格美纹纸

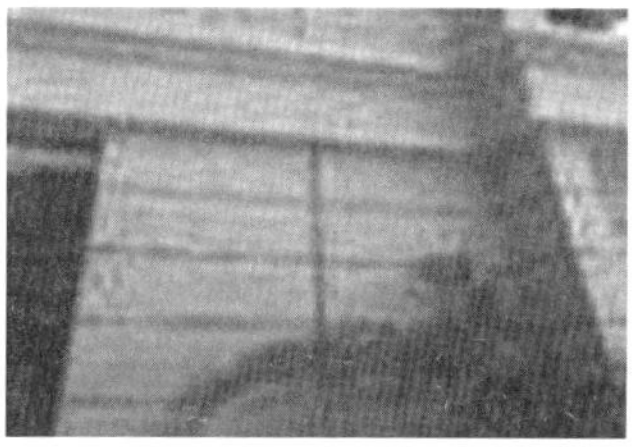
成品 1

成品 2

①铲墙的表面面积扩大一圈，一般是起碱部位周围扩大 10cm。

②打开高分子聚合物防水涂料，进行大面积施工：要求刮涂均匀，不漏底、不堆积，前遍干固后进行后遍刮涂，前后两遍刮涂方向相互垂直，直至达到设计涂膜要求厚度（根据施工要求可进行多遍喷涂）。搅拌均匀刷在处理过的墙面上。一般24～48h防水涂料干固后，用腻子补上。

③注意事项：如果墙面潮湿，先清理好墙面，刷环氧防水涂料，贴网格布，24h后在环氧防水涂料上面刷一层涂料，环氧防水涂料可以防治泛碱，若出现返潮，则需要再加一层防水，涂料建议使用聚合物水泥基防水涂料。

42. 家装卫生间防水涂料施工完为什么会开裂？

卫生间防水是一项重要工程，所以一般都会做得很仔细，可有的业主家的卫生间做完防水后发现有裂纹，为什么会出现这种情况呢？又该如何解决呢？

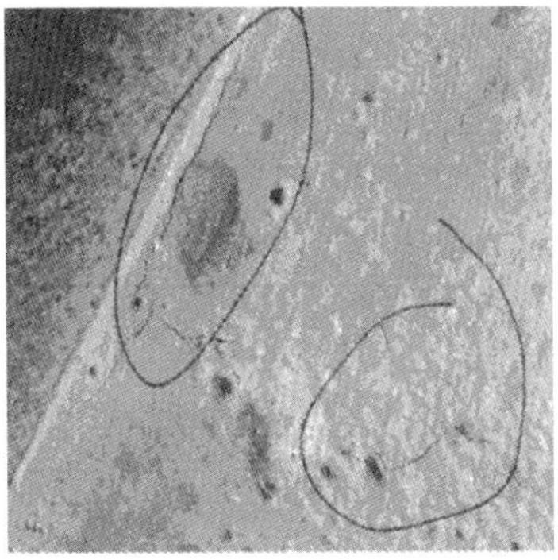 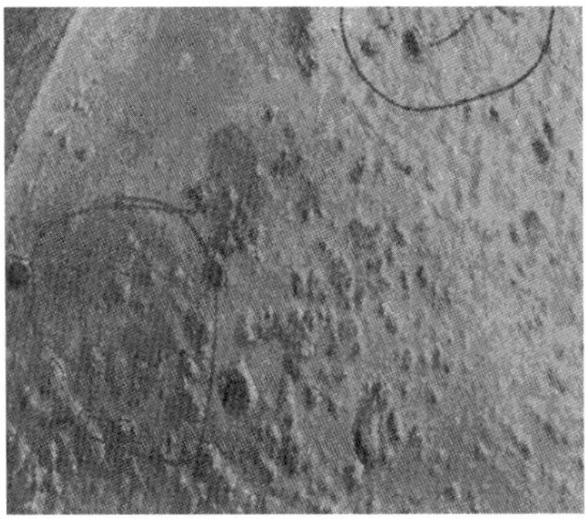

第一，裂纹产生的原因。

（1）一般卫生间在做防水之前，须清理基层，保证防水效果，如果没有仔细清洁基层，残留了杂质，就会导致做防水时基层附着力减弱，从而产生裂纹。

（2）施工时，每道涂刷过厚，堆积比较严重，造成了干缩裂缝，特别是在转角处、管道口和凹凸不平的基层上，易有此情况发生。

（3）若在上一道涂料未完全干固的情况下又进行多次涂刷，且涂膜过厚，则会因为热胀冷缩引发干裂。

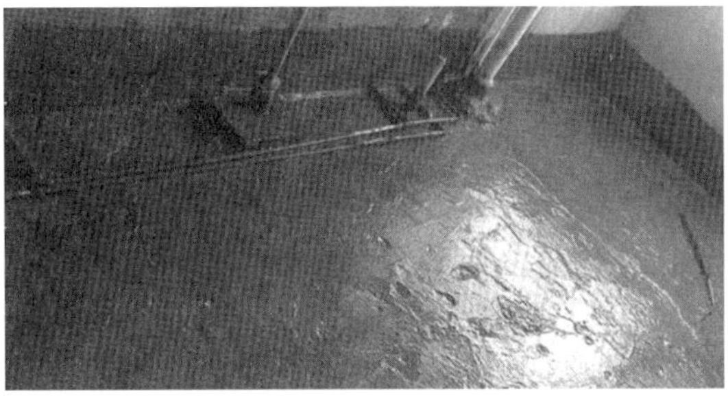

（4）做防水时，料粉的配比不当，会引起开裂。

（5）涂料选用不当。

（6）如果涂膜还没有干透就进行蓄水试验，之后也很有可能导致裂纹出现。

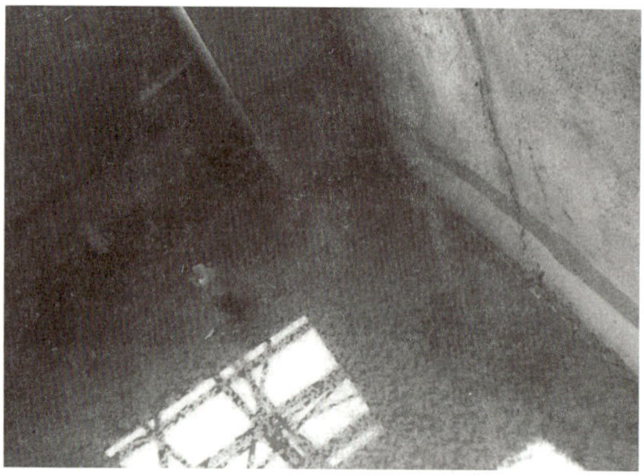

第二，解决办法。

（1）如果地面还未产生渗漏的情况，待内部完全干透后，可以采用专门的防渗漏胶或者防渗漏液进行涂抹封堵。

（2）如果家里卫生间已经出现渗漏的情况，只能选择重新做防水。重新做的时候除了选择好的材料和按照正确的比例配比之外，一定要特别注意涂料的厚度和湿度情况。

家装卫生间在做防水的时候一定要仔细，不要由于赶时间或者急于求成而催促工人，必须按照各步骤的细节要求，一步步来，否则因大意操作而产生裂纹，就有可能要返工重做。

43. 家居防水涂料施工完为什么不固化?

家居防水涂料近年来在防水工程中的应用越来越广泛。然而，在实际的施工应用中，防水涂料施工有很多需要注意的细节，如果处理不当，会影响防水工程的质量。其中有一个问题是施工人员常常遇到的，即施工结束后家居防水涂料不固化，有些人为此而烦恼又不知该怎么办。

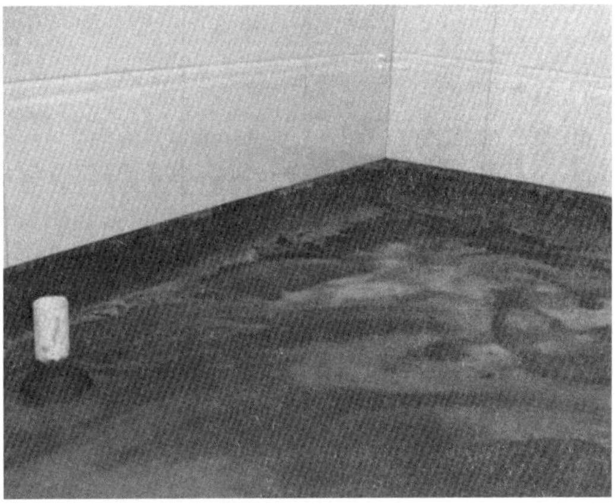

水乳型防水涂料（高分子聚合物防水涂料）的固化是通过涂料当中的水分蒸发后固化成膜。在施工过程中，如果气温太低、不通风，都会造成涂膜固化时间过长；如果气温低于0℃、水分不挥发，则会导致涂料无法成膜。低温也会导致水乳型防水涂料破乳。

聚氨酯防水涂料分为单组分（单组分湿固化纯聚氨酯防水涂料）和双组分（911 聚氨酯防水涂料），其成膜原理是—NCO 端基与羟基反应交联固化成膜。其中，单组分聚氨酯防水涂料的成膜原理是含—NCO 端基的涂料涂覆后，与空气当中的水分（含羟基—OH）发生化学反应后交联固化成膜。环境温度越高，空气中湿度越大，固化成膜时间越短，反之固化成膜时间越长。双组分聚氨酯防水涂料（预聚体组分含—NCO 端基，固化剂组分含羟基—OH 或氨基—NH_2）在施工涂膜前按照比例称量后充分搅拌均匀，混合均匀后的两个组分在适宜的温度条件下发生化学反应交联固化成膜。气温的高、低，环境湿度的大、小，均会影响其固化的速度和成膜后的膜片质量。

聚氨酯防水涂料固化慢或不固化还有以下原因：在使用过程中添加了酸性溶剂，这种溶剂加入后会延长涂料的固化时间或直接导致其不固化；还有很多施工人员在添加稀释剂时图方便，用汽油做稀释剂，但目前市面上有部分汽油是乙醇汽油，含乙醇的汽油是不能在聚氨酯防水涂料中使用的，添加后会导致涂料固化困难。

注意事项：避免在气温较低的情况下使用防水涂料（5℃以下不宜施工）；施工环境尽量保持通风状态；聚氨酯防水涂料尽量不添加稀释剂，需要添加稀释剂时，应按照生产厂家的指导添加聚氨酯防水涂料专用稀释剂；如果冬天气温超低时，遇上赶工期必须使用聚氨酯防水涂料，可按照生产厂家指导适当添加专用催干剂。

44. 家居防水涂料施工完为什么会起鼓？

第一，现象及危害。

屋面涂膜防水层空鼓一般在施工后不久就会出现，在高温季节里甚至有上午做好涂膜防水层，下午就有鼓包的情况出现。鼓包由小到大，逐渐发展，大的直径可达 200 ~ 300mm。有的大小鼓包成片串联，鼓包一般从防水层底部隆起，高达 50 ~ 80mm。鼓包与施工所在地区没有明显的关系，同一地区有的严重，有的较轻，有的就没有发现。将鼓包剖开后可见，包内都含有水分，防水层与基层脱离，粘在基层上的胶黏剂被拉成蜂窝状，有的附着有小白点甚至冷凝水珠。随着温度的升高，防水层还有可能被拉裂，产生渗漏。

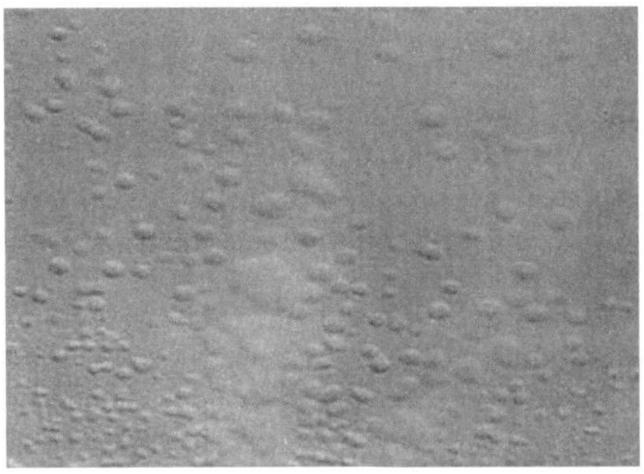

第二，原因分析。

在防水层中黏结不实的部位，窝有水分和气体，当其受到太阳照射或人工热源影响后，体积会膨胀，形成鼓包。

屋面防水层出现鼓包主要是由基层潮湿所致。那么水是从何处来的呢？主要有以下几个途径：

（1）基层：如水泥砂浆找平层，最大含水率为12%，保温层的最大含水率高于找平层。如水泥膨胀珍珠岩等含水率比较高的保温层，在材料内部能窝有大量水分和气体。在饱和状态下的水泥膨胀珍珠岩，其含水率可达150%。

（2）屋面防水层产生鼓包的机理：导致防水层出现鼓包的机理主要表现为基层中的水分是很难避免和控制的，这就是造成起鼓的重要原因。随着昼夜和季节的大气温度在不断变化，或渐渐升高，或渐渐降低，鼓包内的水汽冷凝结成小水珠，压力也随之降低，因被鼓起的防水层有一定的强度，鼓包不能恢复原状，使鼓包内产生负压，这样又将基层内含有水分的湿气吸入，使鼓包内水分增多。待第二天升温时，由于鼓包内可蒸发的水分增加，又产生更大的压力，使鼓包的体积又扩大，从被剖开鼓包的基层发现蜂窝状的胶黏剂中有一些小白点，就是和基层相连的水分通道。人们把这种发展着的鼓包叫包。当鼓包发展到一定大小，由于基层渐干，断了“水源”，也就因包大而扁平，减少了向上的撕开力；有的鼓包处的防水层受高温作用上晒下蒸，随着温度的升降，防水层所受的拉力时大时小，产生疲劳和老化，部分鼓包处先发生破裂，这样就直接影响防水层的耐用年限。因此，必须针对工程监理实际情况采取措施，防止鼓包的产生。

第三，预防措施。

（1）基层处理。

混凝土表面如粘有油污、浮灰、浮浆时必须清除干净，以免影响黏结强度。

夏季高温或基层墙面较干燥时，施工前可先洒适量水湿润，达到里湿外干即可。

（2）材料使用。

①按1∶3左右的水灰比（根据气温情况）将界面处理剂调成均匀的稠糊状。调制时要将界面处理剂充分搅拌均匀，放置5~10min后即可使用。放置时，如界面处理剂有点变稠，可适当再加点水拌匀后使用。拌好后的界面处理剂视气温情况应在1~4h内用完。

②将拌匀后的界面处理剂用抹灰或喷毛（浆）的方法进行涂抹。涂抹时直接用抹灰工具将界面处理剂涂抹在基层上，厚度1.5~3mm，待5~20min（视气温高低）后，即可涂抹水泥砂浆找平层底灰。喷毛时要用直径5mm喷枪将拌好的稠糊状界面处理剂均匀地喷在基层上，厚度2~3mm，待界面处理剂喷涂24h后即可进行墙面刮糙抹灰和找平。

③每平方米参考用量为2~2.5kg。

第四，治理方法。

将起鼓部位的防水层用刀沿斜十字切割，排出鼓包内气体，翻开切割的防水层，清除杂物并晾干。将被切割翻开的防水层重新粘贴牢固，上面铺设带有胎体增强材料的涂膜防水层，周边应大于原防水层切割部位，搭接宽度不应小于100mm，外露边缘应用涂料多遍涂刷封严。已起鼓、老化、腐烂的防水层，应铲除并修整或重做找平层。水泥砂浆找平层应抹平收光，再做防水层。

45. 家居防水管道安装有哪些注意事项?

家庭渗漏案例中，因为管道安装处理不当引发的渗漏不在少数。防水是个系统工程，由多个步骤、多道工序组成，家庭防水中，特别是厨卫防水，管道多且很多管道是穿墙贯穿管道，如不做防水处理，后患无穷。安装管道应该注意以下几点：

第一，安装管道一定要找专业技工。一般管道的爆裂或者渗漏，都会导致相当于水管本身价格数十倍、数百倍甚至数千倍的维修善后费用产生。

第二，安装后一定要进行增压测试。增压测试一般在1.5倍水压的情况下进行，在测试中应注意有无渗漏现象。

在没有增压测试条件下的测试方法和步骤：

（1）关闭水管总阀。

（2）打开房间里的水龙头20min，确保没有滴水后关闭所有水龙头。

（3）关闭马桶水箱和洗衣机等具备蓄水功能的设备的进水开关。

（4）打开水管总阀。

（5）打开总阀20min后查看水表是否走动，如果有走动，即有渗漏情况。

第三，管道发生渗漏后，需及时采取措施维修，同时，对于管道易渗漏部位，在防水层施工时，应做防水加强处理。

46. 家居防水材料施工完贴瓷砖为什么会脱落？如何预防？

瓷砖脱落常见原因如下：

（1）瓷砖黏结材料选择不当。目前，墙面粘贴的瓷砖有尺寸越来越大、吸水率越来越低的趋势，比如低吸水率的玻化砖就应用得非常普遍。这类瓷砖因其背面毛细孔极少，依靠机械锚固、粘贴为主的水泥砂浆及低标准的瓷砖胶，都难以对其形成足够的黏结强度，容易导致瓷砖空鼓。需根据瓷砖吸水率和尺寸大小，选择黏结强度等性能都合适的高性能瓷砖胶。

根据瓷砖的吸水率选择瓷砖胶：吸水率≥6%，一般选用普通型产品；吸水率≤6%，一般选用加强型产品。应根据吸水率并结合瓷砖尺寸来挑选黏结剂产品：瓷砖尺寸≤0.36m^2且吸水率≤3%的，可以选用加强型产品；瓷砖尺寸≥0.36m^2且吸水率≤3%的，可以选用加强型抗流挂产品；瓷砖厚度≤3mm的薄板，要选用薄板黏结剂。

（2）瓷砖粘贴施工不当：瓷砖粘贴时，瓷砖胶必须正确搅拌，严禁掺入水泥、砂石等其他材料，瓷砖粘贴前必须清理瓷砖背面的脱模剂及上面其他影响黏结的污染物，也必须清理防水层上的灰尘及上面其他影响黏结的污染物；瓷砖粘贴要尽量控制粘贴层厚度，以避免因粘贴层太厚、收缩应力大而造成瓷砖粘贴失败；瓷砖间要合理留缝，并选用合适的填缝材料；批刮时，梳理成条状，保证满浆率。

（3）防水材料选择不当：厨卫间常采用的涂料是防水涂料，但在工程实践中，也有一些厨卫间选用了防水卷材。卷材表面致密、吸水率低、柔韧性强、变形量较大，表面难以粘贴；而瓷砖胶的弹性模量远高于防水卷材，难以适应卷材的高柔性，容易导致瓷砖空鼓。仅从该方面来看，装饰面为瓷砖的厨卫间就不适用防水卷材。

防水涂料有很多种类，常见的有聚合物水泥防水砂浆和防水涂料、聚氨酯防水涂料、聚合物乳液防水涂料等。其中聚氨酯防水涂料、聚合物乳液防水涂料柔性较强，成膜后表面致密、难粘贴，刚性的瓷砖胶与之有效粘贴的难度较大。而某些聚合物水泥防水涂料，特别是聚合物含量相对较低的一些聚合物水泥防水砂浆、聚合物水泥防水浆料，为了降低涂料的表面吸水速度以吸引客户，掺入了过多的疏水剂，导致防水涂料层表面憎水性过强，严重影响了瓷砖胶与防水层之间的黏结，降低了黏结强度，增大了瓷砖空鼓的风险。因此，厨卫间应选择正规厂家生产、符合国家或行业标准的防水涂料。

地面可选用柔性的防水涂料以适应地面沉降等带来的收缩变形，墙面可选用偏刚性的防水砂浆或防水浆料以适应后续的瓷砖铺贴。若选用聚氨酯防水涂料等成膜后表面致密的防水涂料，应在粘贴瓷砖前做防水保护层。

为避免掉砖，防水及瓷砖胶施工应遵循以下原则：

（1）施工后表面光滑的防水产品，如聚氨酯防水涂料、聚合物乳液防水涂料、聚合物水泥防水涂料，在粘贴瓷砖前，宜对其表面进行粗糙化处理，最后一遍涂刷未干固前，撒中粗砂或拉毛处理，增加界面间的黏结力。

这里注意：本方法仅适用于单组分聚氨酯防水涂料，双组分聚氨酯涂料则不适用。

（2）施工后表面粗糙的防水产品，如聚合物水泥防水浆料等，其表面粗糙度相对较高，可直接粘贴瓷砖。

地下室或室内墙面防潮一般会采用聚合物水泥防水浆料进行防潮处理，这类涂料水泥含量较高，与聚合物乳液防水涂料搭配，刚柔并济，形成的防水涂层较粗糙，与瓷砖胶间具有很好的匹配性，可以直接进行瓷砖粘贴。

（3）防水施工前必须检查、清理基层，坚固、清洁无污染的基层才能给防水层提供足够的黏结强度，不至于因防水层与基层黏结不牢或者基层疏松而导致整个防水系统失效。

防水涂料必须按照产品说明进行搅拌，禁止额外掺水或者擅自改动产品各组分的配合比例。这些错误操作均会影响防水层的防水性能及强度。一旦防水层强度过低，则可能发生内聚破坏而导致空鼓。

47. 常见的家装工程防水部位为什么要做防水反坎？

我们常见的混凝土防水反坎有卫生间砼反坎、阳台砼反坎等，是卫生间、阳台楼板周边200mm高的混凝土墙体，一般要求与建筑混凝土结构同时浇筑。这样使得200mm高的砼反坎与砼结构形成整体，首先起到了结构自防水的效果，防止卫生间、阳台的水倒流入室内，或水沿着墙体砌块上爬，导致后期装修墙漆、墙纸等发潮、起霉。

卫生间砼反坎

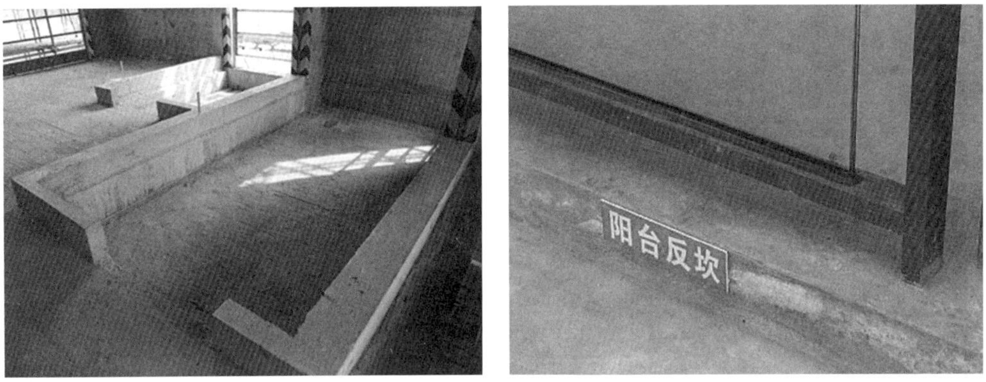

阳台砼反坎

48. 家居防水工程如何进行质量验收？

（1）验收的基本规定：防水施工中所用的各种防水材料应有产品合

格证书和性能检测报告；材料的品种、规格、性能等应符合国家现行有关标准和防水设计的要求；家居防水工程按分项划分应包含基层、防水与密封、面层，均应按要求进行验收。

（2）基层验收：防水基层应抹平、压光，不得有疏松、起砂、裂缝；基层表面平整度的允许偏差不宜大于4mm；阴、阳角处宜按设计要求做成圆弧形，且应注意保持弧沿整齐平顺；防水基层的排水坡度应符合设计要求。

（3）防水与密封验收：在转角、地漏、伸出基层的管道等部位，涂膜防水层的细部构造应符合设计要求；涂膜防水层与基层应黏结牢固，表面平整，涂刷均匀，不得有流淌、皱褶、鼓泡、露胎体和翘边等缺陷；涂膜防水层的胎体增强材料应铺贴平整，每层的短边搭接缝应错开；涂膜防水层的平均厚度应符合设计要求，最小厚度不应小于设计厚度的90%；防水卷材的搭接缝应牢固，不得有皱褶、开裂、翘边和鼓泡等缺陷，卷材在立面上的收头与基层粘贴牢固；防水砂浆各层之间应结合牢固，无空鼓，表面应密实、平整，不得有开裂、起砂、麻面等缺陷；在防水层施工完成后进行蓄水试验，楼、地面蓄水高度不应小于20mm，蓄水时间不应小于24h，独立水容器应满池蓄水，蓄水时间不宜小于24h。

（4）面层验收：防水保护层所用的材料应符合设计要求；水泥砂浆、混凝土保护层的强度应满足设计要求；保护层应与防水层黏结牢固，结合紧密，无空鼓；保护层表面应平整，不得有裂缝、起壳、起砂等缺陷。

49. 家居防水层检验有缺陷的部位如何处理或避免？

家居防水工程完工后进行防水层检验时，常遇到的缺陷如图所示：

阴角堆积开裂

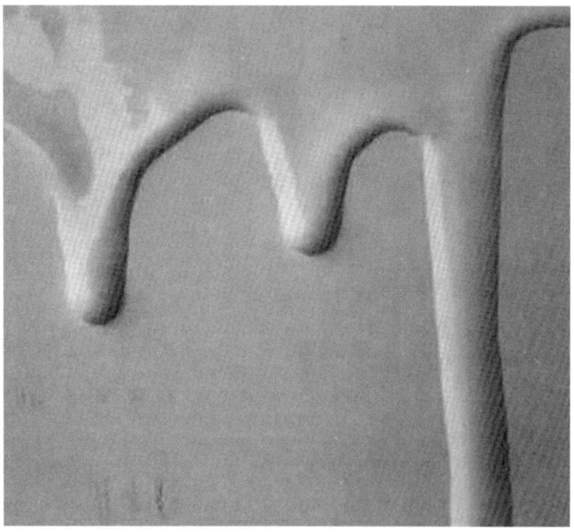

流挂

鼓包

针孔

防水层常见缺陷处理办法：

（1）阴角堆积开裂：阴角是建筑物应力比较集中的部位，无论是建筑物沉降，还是在日常活动中楼板的震动，都会最先反映到阴角部位；立面涂刷时也会产生流挂，使涂料堆积在阴角，而涂料堆积过厚则容易产生开裂。

为避免防水层在阴角堆积开裂，可以对阴角做抹弧处理，其作用是使应力集中部位由原来的一个点或一条线分散到一个圆弧形的面上，从而减小应力；阴角抹弧也可以分散立面堆积下来的涂料，使该部位涂料不至于太厚。防水涂料施工应始终坚持“薄涂多遍”的原则，同时，当在阴角部位进行防水涂料涂刷时，还可以添加胎体增强层来避免防水涂料干固后开裂。

（2）流挂：防水涂料留有向下流淌痕迹的现象叫作流挂。家居防水涂料施工出现流挂的原因，包括稀释剂添加量过大、每遍刮涂量过大、双组分反应时间过长等。要严格按照防水涂料生产厂家的建议控制水性防水涂料中水的添加量、油性防水涂料中稀释剂的添加量、调整反应型防水涂料固化剂的添加量，这样可以有效避免家居防水涂料流挂现象的产生。

（3）鼓包：聚氨酯防水涂料施工对基层含水率的要求是不大于9%，当基层含水率大于9%时，聚氨酯防水涂料施工干固后就有可能出现鼓包。鼓包产生的原因是聚氨酯防水涂料短时间内固化成膜，封闭了基层中的水，温度升高后，水变成水蒸气，体积增大，无法排出，就形成鼓包。所以，在施工聚氨酯防水涂料前，基层含水率应满足要求。出现鼓包后，可用小刀割破鼓包，并铲除鼓包部分，待基层含水率达到要求后，在鼓包周围100mm的范围内加涂防水涂料进行修补。

（4）针孔：是指防水涂料干固后涂膜表面呈现的针尖样小孔，第一遍出现针孔后很难通过后期防水涂料的刮涂掩盖，会留下渗漏的通道。出现针孔的原因包括基层过于干燥、基层附着大量尘土、基层油污、基层温度过高等。对于水性防水涂料，可通过充分润湿基层来减少和避免针孔出现；对于油性防水涂料，可通过涂刷配套的封闭底漆来减少和避免针孔出现。坚固、干净、无尘土、无油污是对防水工程的基本要求。

出现针孔的防水涂膜，在尝试第二遍防水涂料刮涂依旧无法掩盖的情况下，应铲除有针孔的防水涂膜，待处理防水基层满足施工要求后，再对针孔做修补处理，重新刮涂防水涂料。

50. 家居防水层施工验收合格后为什么要做保护层？

众所周知，防水很重要，但是大家在做防水的时候往往忽略了一个很重要的环节，就是防水保护层。防水保护层有很多作用，其最大的作用就是可以延长防水层的耐用年限，防止防水层因长期暴露在大气中而产生龟裂、鼓包等现象。防水层大多数是浅色的，可以反射太阳光线，能够有效降低顶楼的室内温度。防水保护层也可以最大限度地防止由于人为或物理力量造成的防水层破损。

为什么做完防水后一定要做保护层？因为在不同的施工情况下，外界对防水层的伤害情况不尽相同，以家居防水为例，一般师傅贴砖是先贴墙，所以其在施工的时候就直接踩在防水层上，这样很容易对防水层造成破坏。在铺管根部位的砖，以及截断下水管时都容易造成管根部位的防水破坏。因此，在做完防水时一定要做保护层，以免在铺完砖后造成渗漏情况。

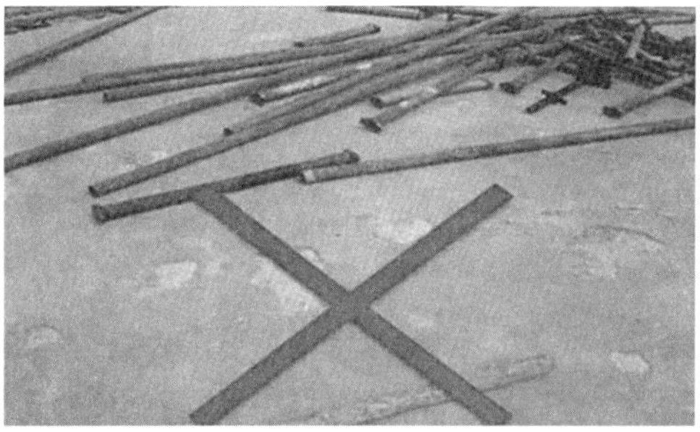

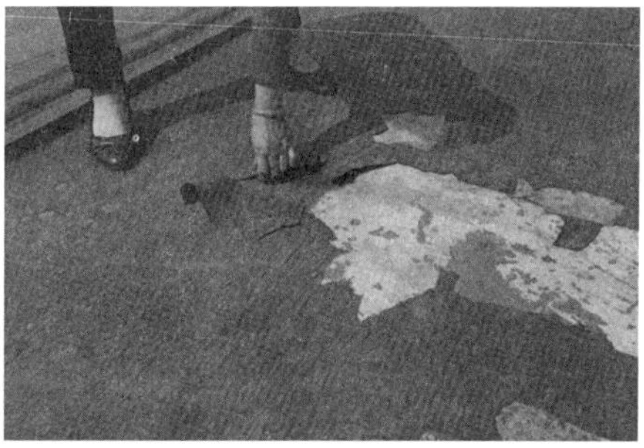

另外，做楼层防水的时候，大多数施工人员和业主都会为是否做保护层而烦恼。其实防水层外露有价格便宜且施工方便快速的优点，但往往也常因施工人员现场判断的经验不足而失败。最主要的原因是，任何涂料若直接外露在大自然中、紫外线下，都会加速老化，无论是多好的涂料，也抵不过其自身会老化的事实。而防水施工后，对其加以覆盖如砂浆层、乳化沥青、橡化沥青、防水毯等，则会延长防水层的使用寿命，这也是一些老旧建筑物采用覆盖型的沥青防水后，经过十几、二十年仍然不见渗漏的原因。在防水层上面加上覆盖保护，虽有施工费用较为昂贵的缺点，但从长期的经济效益来说，这样做是值得的。所以，建议做楼层防水的时候，最好做保护层，以延长防水层的寿命和防水期限。

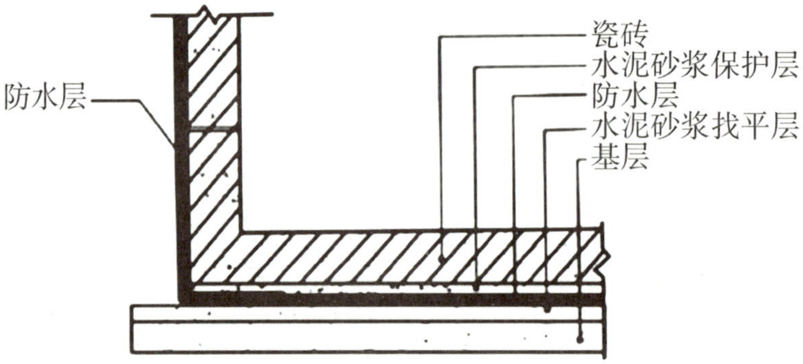

楼层防水设计

防水施工后形成的防水层是很坚固的，可以阻挡水对建筑物内部的侵蚀，保护建筑；它又是脆弱的，因为它只是一个隔离层，抵挡不住强光暴晒、风吹雨淋，所以，需要对其进行妥善保护。

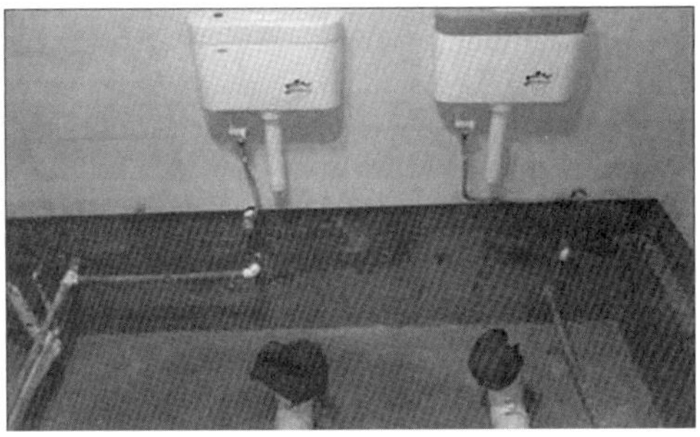

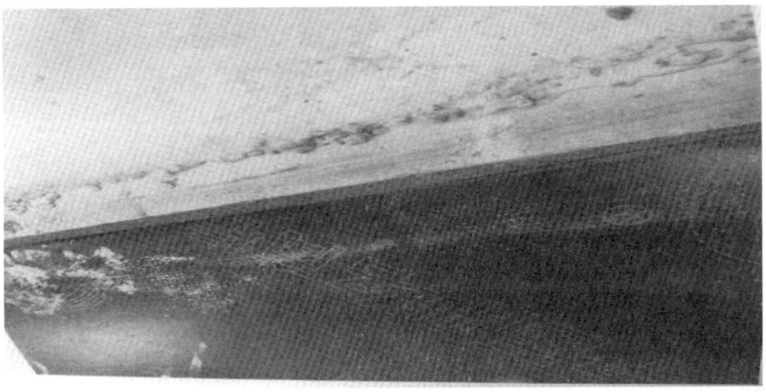

51. 沉箱式卫生间底板为什么也要做防水？

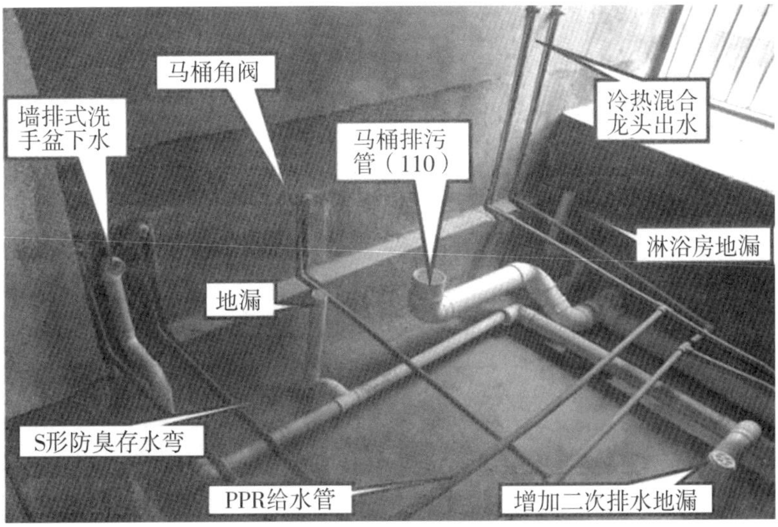

沉箱式卫生间即下沉式卫生间，指在主体建造时将卫生间结构层整体或局部下沉至离相应楼面一定高度（一般 35 ~ 40cm），以使卫生间的水平排水管道埋入其中，然后用轻质材料回填或采用盖板架空，结构面只需设一个洞口作排水立管通过使用。

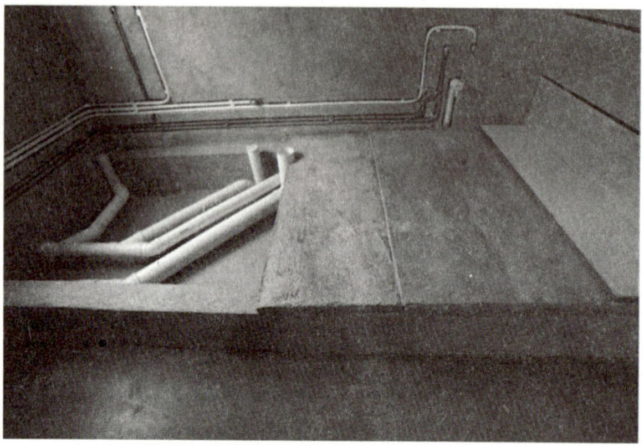

卫生间与人们的日常生活起居息息相关，无论对格局的设计，建材的选购，还是施工过程，都要倍加注意。

沉箱式卫生间一般要做两次防水设防，分别是沉箱底部结构层的防水层设置和沉箱回填后（或架空后）表面层的防水层设置。说到卫生间二次排水，可能有很多人不太懂，简单点说，地面装地漏是一次排水，而地下（沉箱底部）再装个地漏就叫二次排水。因为卫生间属于生活中经常用水的区域，卫生间排水一般是通过地漏排出，但是也有水会从地砖直接渗进沉箱，日复一日，沉箱的水越来越多，如果沉箱底部不做防水设置，生活用水就很容易透过结构层发生渗漏，轻则楼下顶板出现湿渍、发黑、发霉、起皮等现象，重则出现“水帘洞”不断往楼下滴水的情况，沉箱渗漏将影响上下楼的邻里和睦。只要在沉箱底部做了防水层设防并做二次排水，就能将沉箱里的积水顺利排出去。

一旦沉箱发生渗漏，将难以对其进行修复。如要彻底地修复沉箱渗漏，只能将卫生间重新挖开，在沉箱底部再次做防水并做好二次排水，这将产生高额维修费用，得不偿失。

因此一定要做好卫生间的防水，精心对待卫生间，就是为自己和家人的健康与舒适打下良好基础。

52. 卫生间水管开槽后如何做防水？

卫生间是水流的集中地，现在大部分家庭卫生间在装修的工程中都没有对水管开槽部位做防水，只是在水管预埋完工、进行回填后在表面做一道防水。这样的做法存在一定的渗漏隐患，一旦水管破裂或弯管处没有密封好，水就会透过墙壁发生渗漏，造成背墙面的装饰层起皮、发霉、发黑等现象。因为家庭的内墙基本都是采用砖块砌筑的，其特点就是砖块与砖块之间存在较大的缝隙。所以，水管开槽后一定要做好防水。

开槽后具体防水做法：开槽后，先将凹槽内部用水泥砂浆修复平整，采用两涂一布的做法设置防水层，工序是在凹槽内均匀涂刷一层防水涂料→在防水涂料没干固前粘一道玻纤网格布→再涂刷一层防水涂料。需要注意的是，凹槽内的防水层要延伸到凹槽以外，与墙面（或地面）的防水层相搭接。

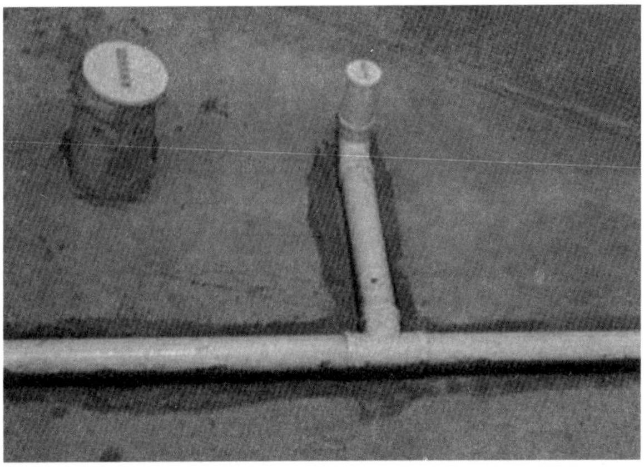

53. 地漏口如何做防水？

地漏口作为生活用水的集中排泄口，是家庭排水的重要设施。地漏口应设置在人员不经常走动且便于维修和组织排水的部位。

根据JGJ 298—2013《住宅室内防水工程技术规范》规定，地漏口应首先做排水坡度，具体做法是：在地漏口管壁周围50mm范围内，向地漏口找坡3%～5%。

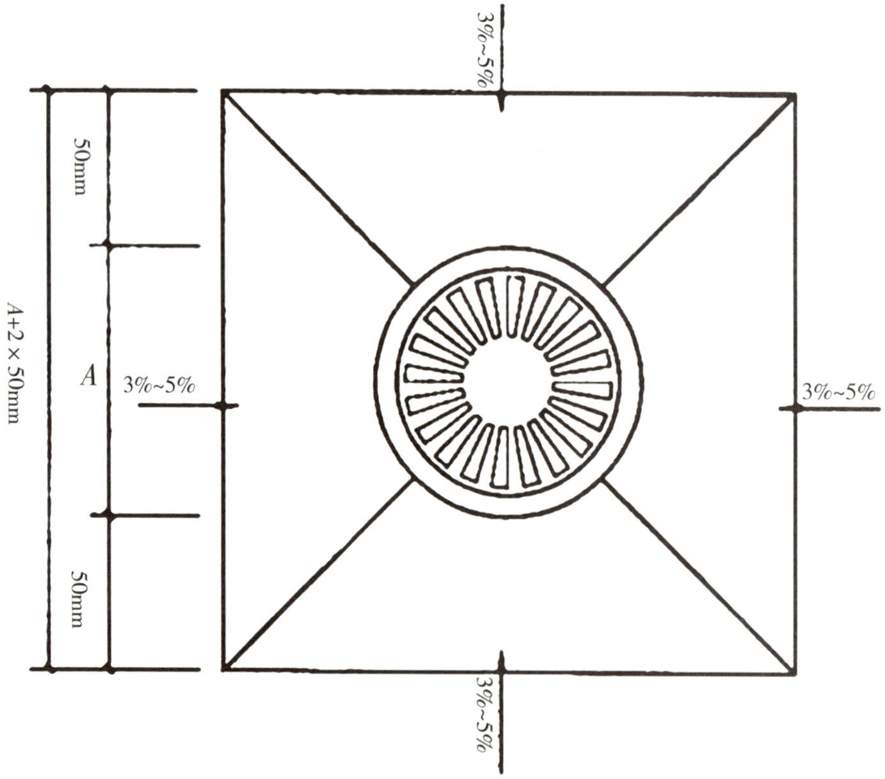

地漏口排水坡度设计

地漏口管根与混凝土的交接部位应预留凹槽，采用密封涂料嵌填压实，并设置一道防水附加层。嵌填密封涂料应选用柔韧性、黏结性、耐水性良好的涂料，以抵抗管口与混凝土的接缝变形，然后在管口周围250mm范围内增加一道防水附加层，最后进行大面积防水层施工。所有防水层或密封层在施工前都要确保基层干净、干燥、无油污等，并涂刷一层界面处理剂以增强防水层与基层的附着力。具体构造做法如图所示：

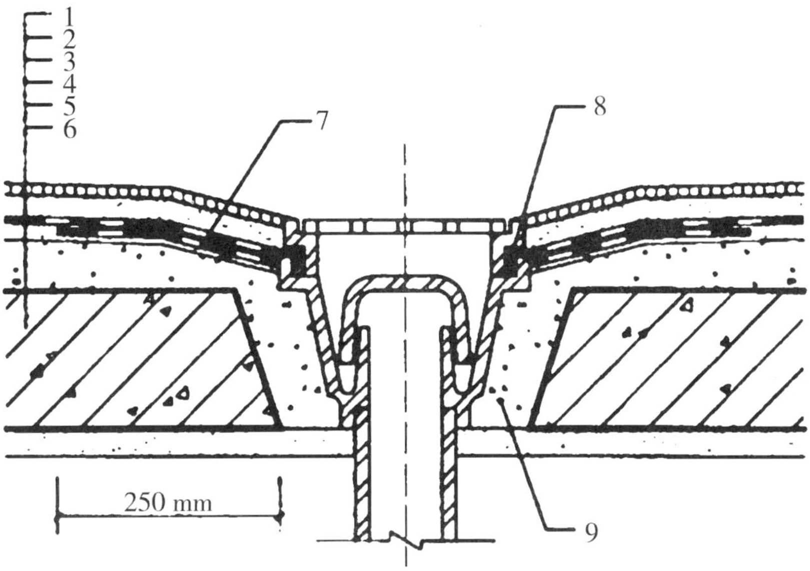

1——楼、地面面层；2——黏结层；3——防水层；4——找平层；5——垫层或找坡层；6——钢筋混凝土楼板；7——防水附加层；8——密封膏；9——C20 细石混凝土掺聚合物填实

地漏防水构造

54. 管口如何做防水？

管口是渗漏的高发地带，80% 以上的渗漏现象都出现在管口部位。管口的渗漏率高主要是由于管道与混凝土存在明显的缝隙。缝隙的产生是由

于管道与混凝土的比热容相差较大，在相同的温度下，二者的收缩与膨胀程度不一致，导致管道与混凝土之间出现缝隙。

考虑到温度对两种不同材质的热胀冷缩影响，在选择涂料时要特别注意不可选择刚性防水涂料，而尽量选择柔韧性好的防水涂料，如聚氨酯防水涂料、沥青基防水涂料等。

在涂刷涂料前，先对基层进行清洁，确保基层坚固、干净、无油污、无明水（特殊材料需要干燥，详情参考各防水涂料对基层的要求）等，管壁需要涂刷界面处理剂以增强涂料与管道的黏结力。在涂刷涂料时，以管口为圆心，在不小于15cm的半径范围内进行满涂，管口涂刷高度不小于10cm。管口细节处理完成后方可进行下一步施工作业。

55. 阳台、厨房如何做防水?

根据国家建筑装饰装修的相关规范标准要求，卫生间的墙、地面必须做防水处理。其中卫生间的墙面防水要求是：淋浴区的防水高度不低于1.8m，水盆区域不低于1m，其他区域地面往墙面泛起30cm。厨房地面全部做防水处理，墙面返高0.3m，洗菜池背后的防水高度是出水口往上0.5m。阳台地面也要全部做防水处理，墙面返高0.3m。

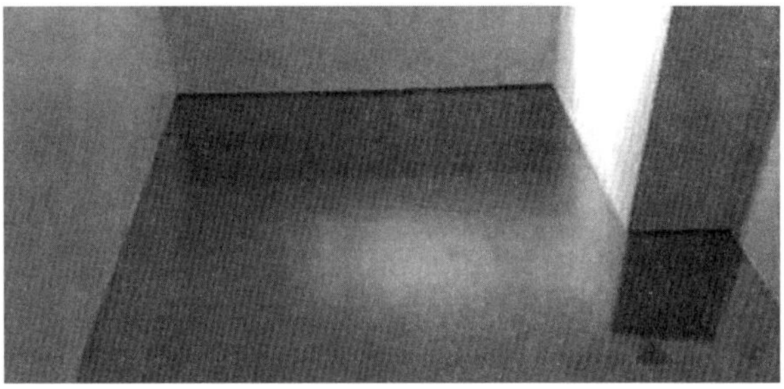

其中阳台属于室外环境，直接受阳光照射和外界气温变化的影响，所以阳台防水应选用聚氨酯防水涂料或其他能够适应外界气温影响的涂料。就厨房而言，通常是在做饭的时候，如水盆处的水溅到墙壁上或偶尔洒落到地面，再者就是擦拭地面时弄湿地面。所以，厨房在选材方面的范围可稍微广泛一些，如聚氨酯防水涂料、聚合物水泥防水涂料等都可以使用。

阳台做防水应事先做好排水坡度，在做大面积防水层前应先做好管根部位的防水密封，防水层施工要分层薄涂、不露底。

56. 地暖如何做防水？

随着技术运用的成熟，卫生间也可以装上地暖了，让洗浴不再寒冷。卫生间防水属于隐蔽工程，是家装中的重头戏，那么有地暖的卫生间应该如何防水呢？这比普通卫生间的防水来得更加细致，也更加烦琐。卫生间地暖防水的操作注意事项如下：

第一，带地暖的卫生间防水设置由传统的一道防水层变成二道防水层。

无地暖卫生间的防水按照传统的卫生间地面防水层，仅在完成面（石材或地砖面）下设一道防水层即可。而带地暖的卫生间需在地暖下先设一道防水层，称第一道防水层，以防结构层渗漏影响楼下住户；而后在地暖保护层上设置第二道防水层，以防地面积水渗漏到地暖保护层内，从而提高地暖的热工效应。

第二，两道防水层构造侧重不同，选料各有特点。

（1）第一道防水层，重点要防止钢砼楼、地面结构渗漏，故选用的涂料需具备以下特点：优异的防渗防漏特性；与钢砼楼、地面结构有良好的附着力和延伸性；持久的耐热（地热水极端温度70℃）性能。

（2）第二道防水层做在地暖管保护层上面，因其面上还需铺装石材或地砖，故在考虑防水性能的同时，应满足石材或地砖与楼、地面的黏结要求，避免地面石材或地砖产生空鼓。

第三，墙、地面防水施工工艺。

（1）地暖保护层完成后，需进行基层清理，表面不得有灰尘、油污等，对不平整的区域要先找平；局部空鼓区域，用钢丝刷、铲刀将黏结在面层上的浆皮铲掉后再找平；阴阳角做成小圆弧角；基层泛水坡度需符合设计要求。

（2）对安装线管、水管开槽的部位，先用气泵将凹处灰尘冲吹干净，然后涂刷防水三遍，保证凹槽涂刷质量，待防水完成后再对凹槽部位进行水泥砂浆找平。

（3）对阴阳角、施工缝、穿墙管等局部加强处理，加强层宽不小于500mm。

（4）大面积防水层施工，防水涂层往墙面四周卷起300mm高。因各种涂料的固化防水不同，需详细参考使用说明。

第四，涂膜施工过程的成品保护。

（1）涂膜防水层操作过程中，不得污染已做好饰面的墙壁、卫生洁具、门窗等。

（2）涂膜防水层做完之后，要严格加以保护，在面层做好之前，任何人员不得进入，也不得在防水层上堆积杂物，以免损坏防水层。

（3）对验收合格后的防水层要及时做保护层，保护层一般采用水泥砂浆即可。

57. 种植屋面防水如何设计与选材?

种植屋面是指铺以种植土或设置容器种植植物的建筑屋面、地下建筑顶板。种植屋面不仅增加了绿化面积，而且能够使居室冬暖夏凉，节约能源。种植屋面是一个融建筑技术与园林艺术为一体的系统工程，进行防水施工时应从设计、选材、施工、管理维护等多方面综合考虑。

种植屋面防水工程设计应遵循“防、排、蓄、植并重，安全、环保、节能、经济、因地制宜”的原则，并考虑施工环境和工艺的可操作性。种植屋面设计应包括下列内容：计算屋面结构荷载；确定屋面构造层次；绝热层设计，确定绝热材料的品种规格和性能；防水层设计，确定耐根穿刺防水材料和普通涂料的品种规格和性能；种植设计，确定种植土类型、种植土形式和植物种类；设计并绘制细部构造做法。

种植屋面的构造层次一般包括屋面（顶板）结构层、保温隔热层、找坡（平）层、普通防水层、耐根穿刺防水层、排（蓄）水层、隔汽层、过滤层、种植介质层、防水保护层、隔离层以及植被层等。以下是几种常见的种植屋面构造层次做法：

（1）种植平屋面基本构造层次。

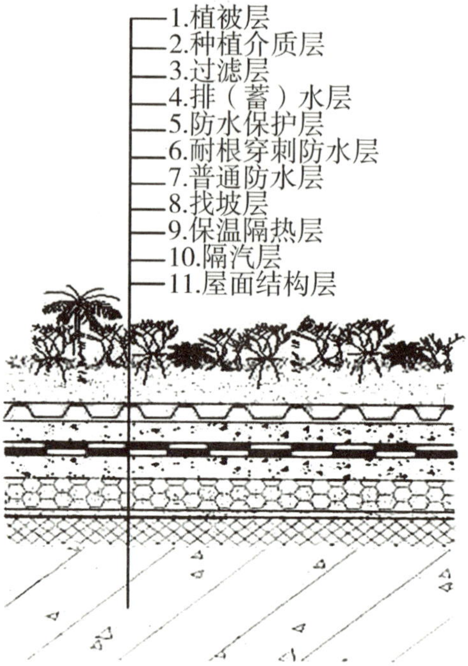

（2）种植坡屋面构造层次。

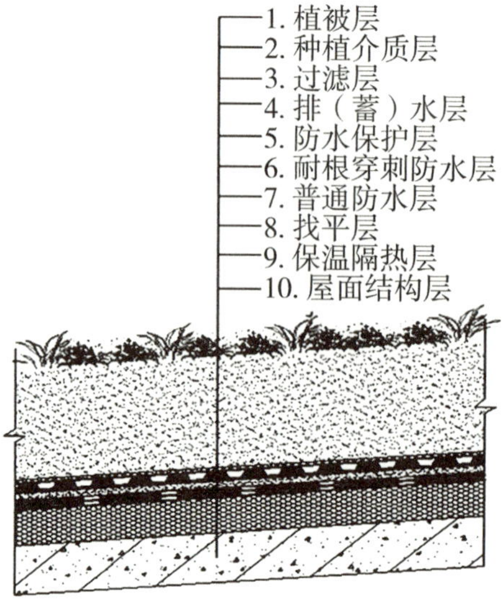

(3) 地下建筑顶板覆土种植防水构造层次。

种植屋面采用耐根穿刺防水卷材的常用选材方案

第一道防水层	第二道防水层（耐根穿刺防水卷材）
2.0 厚聚氨酯防水涂料 1.5 厚聚合物水泥防水涂料 1.5 厚喷涂橡胶沥青防水涂料 2.0 厚高分子膜基湿铺改性沥青防水卷材 3.0 厚 SBS 改性沥青防水卷材	4.0 厚 SBS 改性沥青防水卷材 1.2 厚聚氯乙烯（PVC）防水卷材 1.2 厚热塑性聚烯烃（TPO）防水卷材 1.2 厚高密度聚乙烯（HDPE）土工膜

种植屋面采用阻根措施的常用选材方案及阻根措施技术要求

设置位置	第一道防水层	第二道防水层
相邻设置	2.0 厚非固化改性沥青防水涂料 3.0 厚 SBS 改性沥青防水卷材	3.0 厚 SBS 改性沥青防水卷材
	2.0 厚非固化改性沥青防水涂料 1.5 厚聚氨酯防水涂料 1.5 厚聚合物水泥防水涂料 1.5 厚喷涂橡胶沥青防水涂料	3.0 厚聚酯胎自粘改性沥青防水卷材 2.0 厚高分子膜基自粘改性沥青防水卷材 1.5 厚高分子膜基自粘改性沥青防水卷材
	2.0 厚高分子膜基湿铺改性沥青防水卷材（双面自粘）	2.0 厚高分子膜基自粘改性沥青防水卷材
阻根措施及技术要求	选材方案： 1. 塑料排（蓄）水板 + 细石混凝土 2. 细石混凝土 + 塑料类热风焊接防水卷材	技术要求： 1. 细石混凝土厚度≥50mm，强度≥C20，内配 ϕ6@150 钢筋，按 8～10m 设置分格缝，缝内嵌填密封材料 2. 塑料排（蓄）水板材料厚度≥0.8mm，扣搭不应少于三排或搭接宽度不应小于 150mm 3. 塑料类热风焊接防水卷材主要有 PVC、TPO、HDPE、EVA 等，厚度≥1.2mm

58. 倒置式屋面防水应注意哪些问题？

倒置式屋面是指将保温隔热层设置在防水层上的屋面，与倒置式屋面相对的是正置式屋面，正置式屋面将保温隔热层设置在防水层下，如下图所示：

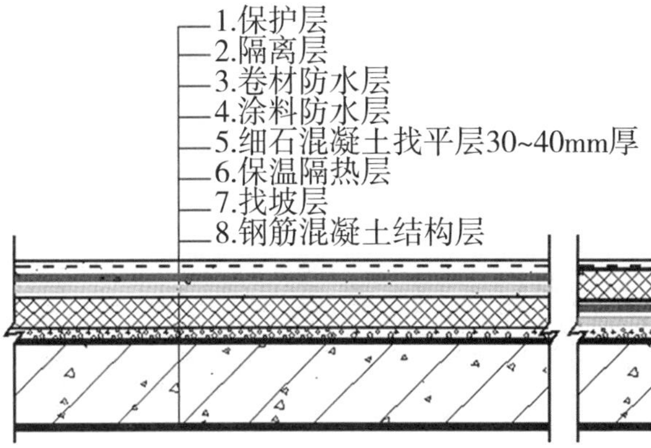

正置式屋面（涂料 + 卷材）

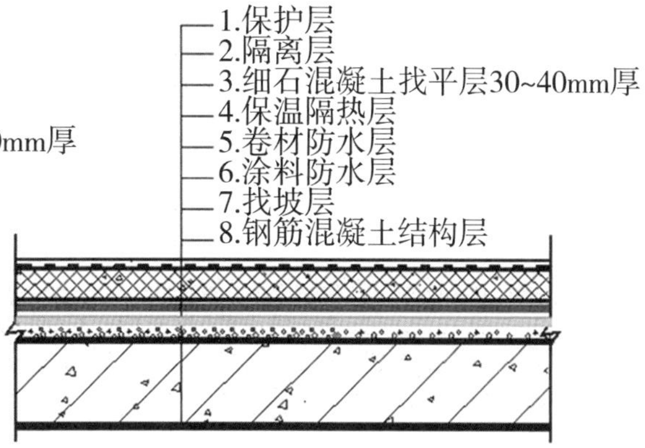

倒置式屋面（涂料 + 卷材）

倒置式屋面与正置式屋面的区别：

正置式屋面构造为保温隔热层在防水层的下面，传统屋面保温隔热层的选材一般为珍珠岩、水泥聚苯板、加气混凝土、陶粒混凝土、聚苯乙烯板（EPS）等材料。这些材料普遍存在吸水率大的通病，而材料如果吸水，会使保温隔热性能大大降低，无法满足保温隔热的要求，所以一定要将防水层做在保温隔热层上面，防止水分的渗入，保证保温隔热层的干燥，方能保温隔热。

倒置式做法即把传统屋面中防水层和保温隔热层的层次颠倒一下，防水层在下面，保温隔热层在上面。与传统施工法相比，该工法既能使防水层避免产生热胀冷缩现象，又能对防水层提供一层物理性保护，防止其受到外力破坏，延长防水层的使用寿命。

倒置式屋面防水应注意以下几个问题：

（1）倒置式屋面坡度宜优先采用结构找坡 3%，以便减轻自重，省却找坡层，但也有低于 3% 的。以上海吴淞路工程为例，其建筑平面和结构布置较复杂，且屋面排水坡也较复杂，故只能采用材料找坡 2%。

（2）倒置式屋面应选用变形能力强、接缝密封保证率高的防水材料；一般倒置式屋面设置两道防水层，如可以选择两道卷材，或涂料 + 卷材复合防水层，两道防水层应具有相容性。上海地区过去较多使用煤渣混凝土作保温隔热层并找坡，但这种材料较少，故改为采用加气混凝土砌块碎料作保温隔热层并找坡，价廉物美。由此可见因地制宜的重要性。

（3）防水层与保温隔热层之间可设置一层聚酯无纺布，一方面，可使防水层与保温隔热层之间产生一个隔离层；另一方面，可同时造成一个集水和结冻的空间。保温隔热层一般可选用挤塑聚苯乙烯保温隔热板，这类板材具有平均的闭孔蜂窝状内部结构，因而拥有出色的保温隔热功能、优越的抗湿性和高度的挤压强度。

（4）如倒置式屋面为上人屋面，保温隔热板上可整浇 40mm 厚的 C20 细石混凝土，内配 $\phi 4$@150mm 双向钢筋，表面可粘贴地砖等。如倒置式屋面为非上人屋面，则可散铺卵石，卵石粒径一般为 20～40mm，厚度一般可按49～78kg/m^2 控制。细石混凝土和卵石保护层与保温隔热板之间还应覆盖一层耐穿刺、耐腐蚀的纤维织物。

59. 架空隔热屋面及其防水技术要点是什么？

架空隔热屋面是指用烧结黏土或混凝土制成的薄型制品，覆盖在屋面上并架设一定高度的空间，利用空气流动加快散热，起到隔热作用的屋面。

架空隔热屋面

架空隔热屋面防水技术要点：架空隔热屋面宜在屋顶有良好通风的建筑物上采用，不宜在寒冷地区采用；当采用混凝土预制板架空隔热层时，屋面坡度不宜大于 15%；架空隔热层的高度宜为 180～300mm，架空板与女儿墙的距离不应小于 250mm（见下图）；当屋面宽度大于 10m 时，架空隔热层中部应设置通风屋脊；架空隔热层的进风口宜设置在当地炎热季节最大频率风向的正压区，出风口宜设置在负压区。

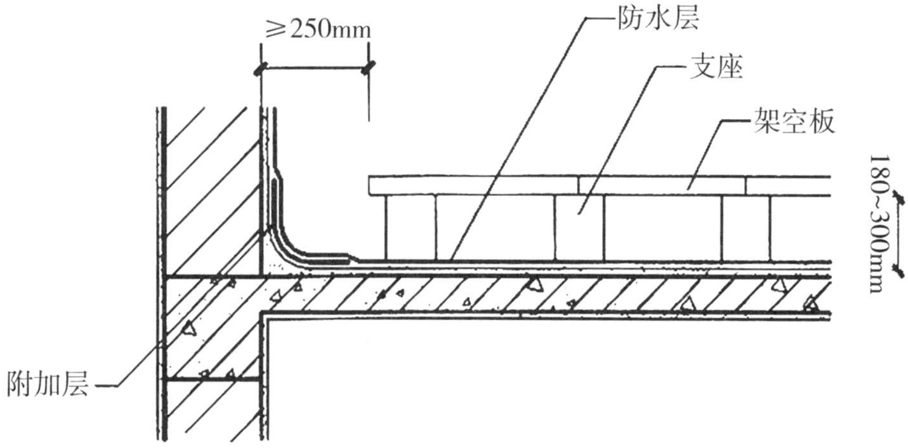

架空隔热屋面防水做法

架空隔热屋面的防水层应设置在架空隔热层下，附着在屋面结构层上，防水层的做法及施工技术要点参考上人平屋面防水做法，通常防水层做好后应设置防水保护层，再按要求铺设架空隔热层。

60. 蓄水屋面及其防水技术要点是什么？

蓄水屋面是在屋顶上采用砖砌体或混凝土将屋面制作成若干个连通的蓄水池，池内常年蓄水深度为 200～500mm，通过水的蒸发和隔热作用，起到阻止夏季日晒高温从屋面向室内传递的目的。如下图所示：

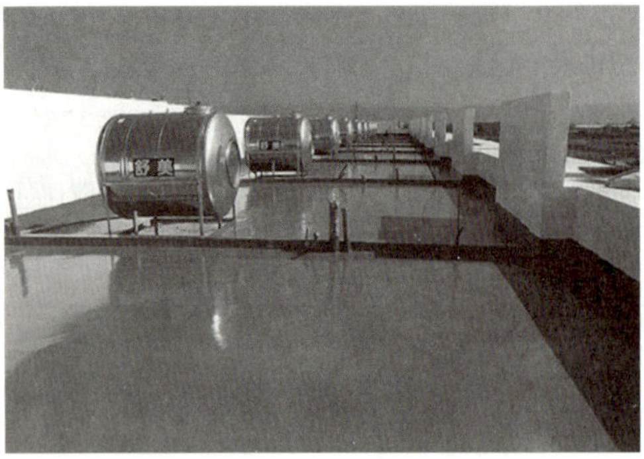

蓄水屋面

蓄水屋面防水技术要点：蓄水屋面不宜设置在寒冷地区、地震设防地区或震动较大的建筑物上；蓄水屋面应划分为若干蓄水区，每区的边长不宜大于 10m，在变形缝的两侧应分成两个互不连通的蓄水区；长度超过 40m 的蓄水屋面应做横向伸缩缝一道。屋面的蓄水深度一般在 50mm 即可满足理论要求，但实际使用中以 150 ~ 200mm 为适宜深度。为了保证屋面蓄水深度均匀，蓄水屋面的坡度不可以大于 0.5%。

蓄水屋面的防水层应注意刚柔结合、多道设防，柔性防水层应采用耐腐蚀、耐霉烂、耐穿刺的涂料或卷材。防水层的做法及施工技术要点参考上人平屋面防水做法，一般而言，防水层做好后应设置防水保护层。

61. 外墙墙体变形缝渗漏高压注浆如何维修?

变形缝的渗漏主要由两种原因形成，一是水沿着止水带的周边渗出；二是水沿着止水带周边的混凝土的孔隙渗出（不考虑止水带的质量问题和安装问题），实际上，二者突出反映的问题是止水带周边混凝土的振捣不密实。

变形缝渗漏治理的主要方法之一是化学注浆，而水溶性聚氨酯注浆液是常用的注浆材料。

水溶性聚氨酯注浆液的特性：水溶性聚氨酯注浆液的一般膨胀率是2～3倍，但它的前提是必须遇水反应和膨胀，水既是其稀释剂，又是其固化剂。水溶性聚氨酯注浆液只有在水中才能完成分散、乳化、膨胀的过程，最终形成弹性体。如果没有水参加反应，不充分膨胀，是不能称其为弹性注浆液的。将这种注浆液注入变形缝中，假定变形缝的容积完全被注浆液所充填，那么诱发注浆液膨胀的水能不能满足注浆液膨胀的要求？据资料介绍，膨胀率在200%～300%之间的水溶性聚氨酯注浆液，它的包水倍数在20倍左右。所以化学注浆选用水溶性聚氨酯注浆液为注浆材料时，可以使用在渗漏明显的结构裂缝中，使水溶性聚氨酯注浆液充分膨胀，达到止水效果。

注浆压力的确定：一般认为，在采用水溶性聚氨酯注浆液压力灌浆时，用手掀泵压力达到0.3MPa左右即可。但此施工往往只能将注浆液单纯灌入混凝土大缝隙中，无法进入止水带周边的振捣不密实的混凝土的孔隙中。因此，需要靠压力来挤走混凝土孔隙中的水，使注浆液充盈到混凝土的孔隙中，起到止水的作用。此时，需要使用电动高压柱塞泵才能达到所需压力。加大了注浆压力，还需要对原混凝土的断裂缝进行封堵。注浆时，在混凝土断裂缝的一侧钻孔，而原混凝土的断裂缝处又不做封堵，注浆液就会很轻松地被灌入缝内，跟自流几乎无差别。对混凝土变形缝的治理，首先必须封堵断裂缝，然后再施以高压灌浆。在混凝土变形缝上方受封堵约束的情况下，加之高压力的作用，使注浆液能充盈到混凝土变形缝的全部空间和孔隙，且将缝内的水挤走并能对膨胀的胶凝体进行挤密。

在渗漏治理的工作中，对变形缝的治理是难中之难，但只要掌握和了解治漏材料的材性、治理方法得当，还是可以做好的。

62. 家居防水中防潮层应怎样设置？

家居防水中的防潮层设置应遵循以下原则：墙面和顶棚宜采用防水砂浆、聚合物水泥防水涂料做防潮层；无地下室的地面可采用聚氨酯防水涂料、聚合物乳液防水涂料、水乳型沥青防水涂料和防水卷材做防潮层。

采用不同材料做防潮层时，防潮层厚度可按下表确定：

防潮层厚度

材料种类			防潮层厚度（mm）
防水砂浆	掺防水剂的防水砂浆		15.0～20.0
	涂刷型聚合物水泥防水砂浆		2.0～3.0
	抹压型聚合物水泥防水砂浆		10.0～15.0
防水涂料	聚合物水泥防水涂料		1.0～1.2
	聚合物乳液防水涂料		1.0～1.2
	聚氨酯防水涂料		1.0～1.2
	水乳型沥青防水涂料		1.0～1.5
防水卷材	自粘聚合物改性沥青防水卷材	无胎基	1.2
		聚酯毡基	2.0
	聚乙烯丙纶复合防水卷材		卷材≥0.7，芯材≥0.5，胶结料≥1.3

当室内地面为实铺构造时，外墙防潮层的位置应设在室外地面以上、首层室内地面混凝土垫层的上下表面之间，一般在室内地面以下60mm处。内墙两侧地面有高度差时，防潮层分别设在两侧地面以下60mm处，并在两防潮层间墙靠土一侧加设垂直防潮层。

63. 外墙窗台怎样进行防水处理?

窗户是连接室内、室外的通道，也会存在渗漏的隐患，其主要原因是密封性不好，外界雨水可以通过缝隙处渗透进来。

窗台渗漏主要有以下几种情况：①窗户松动变形导致砂浆层开裂；②防水没有做或没有做好；③窗台板没有做排水坡度导致积水；④窗槽没有打排水孔或排水孔堵塞造成积水（尤其是推拉窗）；⑤窗框与混凝土接缝部位空鼓或随意填塞塑料袋等。

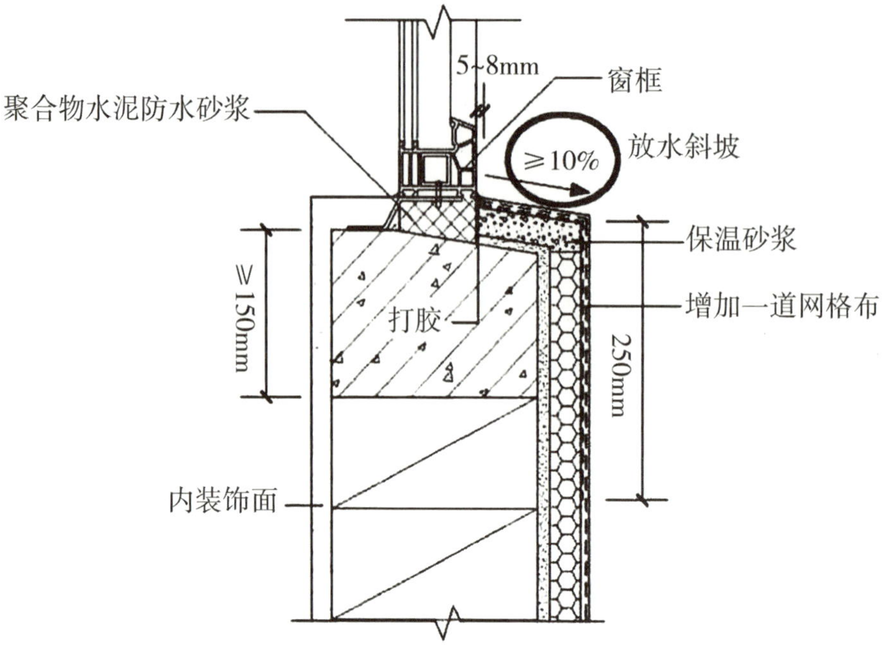

外墙窗台防水处理样式

新房装修的时候最好首先对窗框位置注浆，防止窗框周边有空鼓现象，注浆应选用不易收缩的材料，如改性水玻璃浆、普通水玻璃单液浆、水泥—水玻璃双液浆、超细水泥等，在不易选取以上几种材料的情况下，可以选择市面上比较容易买到的瓷砖胶代替。其次，窗台外应做好排水坡度，保证排水通畅，排水坡度控制在 10% ~15%，然后涂刷一层涂料，窗框与混凝土接缝位置采用柔韧性较好的防水材料进行密封处理，以保证能适应由于温差变化引起的收缩现象。

64. 地下工程防水如何设计？其选材应注意什么问题？

地下工程防水的设计和施工应遵循“防、排、截、堵相结合，刚柔相济，因地制宜，综合治理”的原则。地下工程防水设计的一般规定是：应根据地表水、地下水、毛细管水等的作用，以及人为因素引起的附近水文地质改变的影响确定；单建式的地下工程，宜采用全封闭、部分封闭的防排水设计；附建式的全地下或半地下工程的防水设防高度，应高出室外地坪标高500mm以上；地下工程迎水面主体结构应采用防水混凝土，并应根据防水等级要求采取其他防水措施；对于地下工程的变形缝、施工缝、后浇带、穿墙管（盒）、预埋件、预留通道接头、桩头等细部构造，应加强防水措施。

地下工程防水判定标准和适用范围

防水等级	判定标准	适用范围
一级	不允许渗水，结构表面无湿渍	人员长期停留的场所： 因有少量湿渍会使物品变质、失效的储物场所及严重影响设备正常运转和危及工程安全运营的部位等
二级	不允许滴漏、线漏，可以有零星分布的渗水点； 总渗水面积不应大于总防水面积的1/2000； 任意200m^2防水面积上的渗水点不应超过1处，单个渗水点的面积不应大于0.15m^2	人员经常活动的场所： 在有少量湿渍的情况下不会使物品变质、失效的储物场所及基本不影响正常运转和工程安全运营的部位等

地下工程（明挖法）主体结构外设防水层要求

工程部位	主体结构	外设防水层		
防水层	抗渗混凝土	卷材防水层	涂料防水层	砂浆防水层
措施选择	应选	涂料+卷材、卷材+卷材、砂浆+涂料、砂浆+卷材、卷材、涂料		

地下工程接缝防水设防要求

<table>
<tr><td rowspan="2">工程部位</td><td colspan="8">施工缝</td><td colspan="7">后浇带</td><td colspan="4">变形缝</td><td colspan="4">诱导缝</td></tr>
<tr><td colspan="5">结构断面内</td><td colspan="3">结构迎水面</td><td colspan="4">结构断面内</td><td colspan="3">结构迎水面</td><td>结构断面内</td><td>结构背水面</td><td colspan="2">结构迎水面</td><td colspan="2">结构断面内</td><td colspan="2">结构迎水面</td></tr>
<tr><td>防水措施</td><td>自粘丁基橡胶钢板止水带</td><td>钢板止水带</td><td>遇水膨胀止水胶</td><td>预埋注浆管</td><td>水泥基渗透结晶型防水涂料</td><td>防水涂料</td><td>防水卷材</td><td>聚合物水泥防水砂浆</td><td>补偿收缩混凝土</td><td>自粘丁基橡胶钢板止水带</td><td>钢板止水带</td><td>预埋注浆管</td><td>橡胶止水带（底板、侧墙）</td><td>防水涂料（侧墙、顶板）</td><td>防水卷材</td><td>橡胶止水带</td><td>可卸式橡胶止水带</td><td>外贴式橡胶止水带或密封材料</td><td>防水卷材</td><td>自粘丁基橡胶钢板止水带</td><td>止水型诱导器</td><td>密封胶</td><td>防水卷材</td></tr>
<tr><td>设防要求</td><td colspan="4">应选一种或两种</td><td>可选</td><td colspan="3">应选一种</td><td>应选</td><td colspan="2">应选一种</td><td>可选</td><td colspan="3">应选一种</td><td>应选</td><td colspan="3">应选一种或两种</td><td colspan="2">应选一种</td><td colspan="2">应选一种或两种</td></tr>
</table>

地下室底板两道防水层常用选材

第一道防水层	第二道防水层
2.0 厚非固化改性沥青防水涂料 4.0 厚 SBS 改性沥青防水卷材	3.0 厚 SBS 改性沥青防水卷材
2.0 厚非固化改性沥青防水涂料 1.5 厚聚氨酯防水涂料 1.5 厚聚合物水泥防水涂料 1.5 厚喷涂橡胶沥青防水涂料 3.0 厚聚酯胎自粘改性沥青防水卷材（双面自粘） 3.0 厚聚酯胎湿铺改性沥青防水卷材（双面自粘） 2.0 厚高分子膜基自粘改性沥青防水卷材（双面自粘） 3.0 厚高分子膜基湿铺改性沥青防水卷材（双面自粘）	3.0 厚聚酯胎自粘改性沥青防水卷材 2.0 厚高分子膜基自粘改性沥青防水卷材 1.5 厚高分子膜基自粘改性沥青防水卷材

地下室底板单道防水层常用选材

单道防水层
1.2 厚高分子自粘胶膜预铺防水卷材 4.0 厚聚合物改性沥青聚酯胎预铺防水卷材 4.0 厚 SBS 改性沥青防水卷材 3.0 厚聚酯胎自粘改性沥青防水卷材 3.0 厚聚酯胎湿铺改性沥青防水卷材 2.0 厚高分子膜基自粘改性沥青防水卷材 2.0 厚高分子膜基湿铺改性沥青防水卷材 2.0 厚聚氨酯防水涂料 2.0 厚喷涂橡胶沥青防水涂料 1.5 厚聚合物水泥防水涂料

地下室侧墙两道防水层常用选材

第一道防水层	第二道防水层
1.5 厚聚氨酯防水涂料 1.5 厚聚合物水泥防水涂料 1.5 厚喷涂橡胶沥青防水涂料 2.0 厚高分子膜基湿铺改性沥青防水卷材（双面自粘）	2.0 厚高分子膜基自粘改性沥青防水卷材 1.5 厚高分子膜基自粘改性沥青防水卷材
3.0 厚 SBS 改性沥青防水卷材	4.0 厚 SBS 改性沥青防水卷材
6.0 厚聚合物水泥防水砂浆 18.0 厚掺外加剂防水砂浆	1.5 厚聚氨酯防水涂料 1.5 厚聚合物水泥防水涂料 1.5 厚喷涂橡胶沥青防水涂料 2.0 厚高分子膜基湿铺改性沥青防水卷材 2.0 厚高分子膜基改性沥青防水卷材

地下室侧墙单道防水层常用选材

单道防水层
1.2 厚高分子自粘胶膜预铺防水卷材 1.5 厚三元乙丙橡胶丁基自粘预铺防水卷材 4.0 厚聚合物改性沥青聚酯胎预铺防水卷材 4.0 厚 SBS 改性沥青防水卷材 3.0 厚聚酯胎湿铺改性沥青防水卷材 2.0 厚高分子膜基湿铺改性沥青防水卷材 2.0 厚聚氨酯防水涂料 1.5 厚聚合物水泥防水涂料 双层聚乙烯丙纶卷材

地下室顶板两道防水层常用选材

<table>
<tr><th>位置</th><th>第一道防水层</th><th>第二道防水层</th></tr>
<tr><td rowspan="3">相邻设置</td><td>2.0 厚非固化改性沥青防水涂料
4.0 厚 SBS 改性沥青防水卷材</td><td>3.0 厚 SBS 改性沥青防水卷材</td></tr>
<tr><td>2.0 厚非固化改性沥青防水涂料
1.5 厚聚氨酯防水涂料
1.5 厚聚合物水泥防水涂料
1.5 厚喷涂橡胶沥青防水涂料
2.0 厚高分子膜基湿铺改性沥青防水卷材（双面自粘）</td><td>3.0 厚聚酯胎自粘改性沥青防水卷材
2.0 厚高分子膜基自粘改性沥青防水卷材
1.5 厚高分子膜基自粘改性沥青防水卷材</td></tr>
<tr><td>6.0 厚聚合物水泥防水砂浆
18.0 厚掺外加剂防水砂浆</td><td>3.0 厚 SBS 改性沥青防水卷材
3.0 厚聚酯胎自粘改性沥青防水卷材
3.0 厚聚酯胎湿铺改性沥青防水卷材
2.0 厚高分子膜基自粘改性沥青防水卷材
2.0 厚高分子膜基湿铺改性沥青防水卷材
1.5 厚聚氨酯防水涂料
1.5 厚聚合物水泥防水涂料</td></tr>
</table>

（续上表）

位置	第一道防水层	第二道防水层
分开设置	2.0 厚聚氨酯防水涂料 1.5 聚合物水泥防水涂料 3.0 厚聚酯胎湿铺改性沥青防水卷材 2.0 厚高分子膜基湿铺改性沥青防水卷材 4.0 厚 SBS 改性沥青防水卷材 双层聚乙烯丙纶卷材	4.0 厚 SBS 改性沥青防水卷材 3.0 厚聚酯胎自粘改性沥青防水卷材 3.0 厚聚酯胎湿铺改性沥青防水卷材 2.0 厚高分子膜基自粘改性沥青防水卷材 2.0 厚高分子膜基湿铺改性沥青防水卷材

地下室顶板单道防水层常用选材

单道防水层
4.0 厚 SBS 改性沥青防水卷材 3.0 厚聚酯胎自粘改性沥青防水卷材 3.0 聚酯胎湿铺改性沥青防水卷材 2.0 厚高分子膜基自粘改性沥青防水卷材 2.0 厚高分子膜基湿铺改性沥青防水卷材 2.0 厚聚氨酯防水涂料 2.0 厚喷涂橡胶沥青防水涂料 1.5 厚聚合物水泥防水涂料

65. 地下室底板卷材防水层如何施工？

地下室底板防水能避免和减少地下水对地下底板混凝土结构的渗透和侵蚀，使地下空间满足使用条件，同时保证地下底板混凝土结构的稳定和安全。地下室底板防水应设置在底板结构层的迎水面，坑池、地梁等下凹部位也应设置防水层，并与大面积防水层相连，防水层整体连续。

地下室底板防水常见的施工工法有下列三种：

（1）防水层黏结于地下室垫层上，如下图。

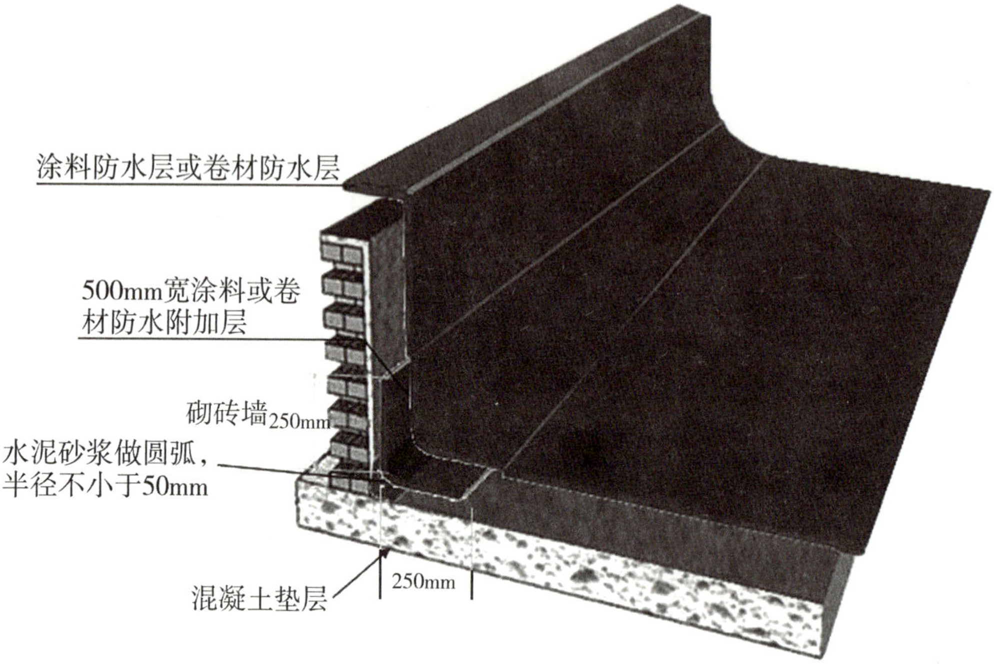

该做法的缺陷是：防水层与垫层上的找平层紧紧相连，垫层在建筑物使用过程中可能因基础沉降、地下水位变化引起下沉、下垮，从而导致防水层被拉裂破坏，底板防水层失效。此做法适用于土层稳定、建筑结构沉降概率小的地下建筑工程。

（2）预铺反粘法：防水层反粘于后浇自防水结构底板，该做法适用于卷材防水层，如下图。

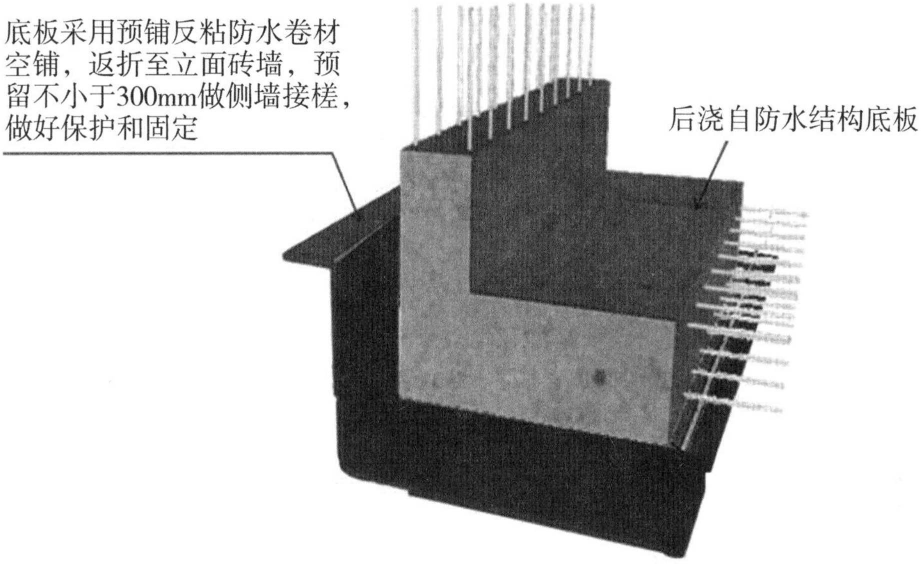

该做法的优点是：防水层反粘于钢筋砼结构，底板更稳定、牢固，防水层与钢筋砼结构沉降一致，减缓不均匀沉降对防水层的拉裂。按照该做法对防水层进行施工后，钢筋砼结构底板施工前的相邻工序，如支模板、捆扎钢筋（焊）等，需要相应班组对防水层予以实时、悉心保护，同时应密切关注施工天气，避免大风、雨水等对防水层的污染影响。

（3）空铺反粘法：底板防水层采用大面积空铺，按要求浇筑细石混凝土保护层，再捆扎钢筋，后浇结构底板，如下图。

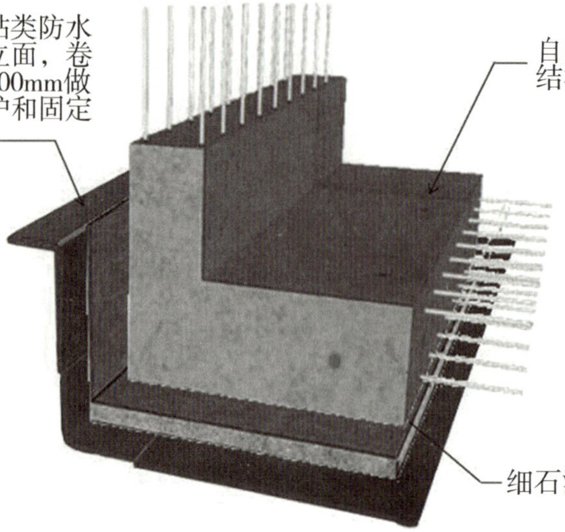

如前所述，地下室底板防水采用预铺反粘施工工艺时，其预期防水效果受天气、相邻工序等因素影响大，其中有部分因素不受防水分包单位控制。该做法因有细石砼对防水层的保护，可有效避免支模板、捆扎钢筋（焊）等工序对防水层的磕破、穿刺、熔穿等。该做法不足之处是：防水层仅向上反粘于细石砼保护层上，而细石砼保护层与后浇钢筋砼底板形成“施工缝”，造成防水层不能在真正意义上与后浇钢筋砼底板反粘。

66. 游泳池如何进行防水设计与选材？

游泳池应采用抗渗混凝土现浇，受力池壁的混凝土厚度不宜小于200mm，池体混凝土结构宜一次性浇筑完成；小型游泳池宜在池体内侧采用防水砂浆防水；大型游泳池内侧宜设置两道防水层，第一道宜采用防水砂浆，第二道宜采用柔性、环保型防水涂料或防水卷材。

在各种防水工程中，因为游泳池需要长期蓄水，且需适应温差的变化，故对防水材料的要求较高。现在市场上防水材料种类繁多，总体分为卷材、涂料两种。卷材施工快，防水效果好，但铺贴时需要剪裁，尤其在细部节点较多的地方搭接容易留下隐患；涂料施工简单，成膜后形成连续的整体，对各种拐角及立面都有很好的施工性和防水性能。因此，涂料类防水材料越来越受到广大业主和施工单位的推崇。

游泳池防水常用构造做法及选材

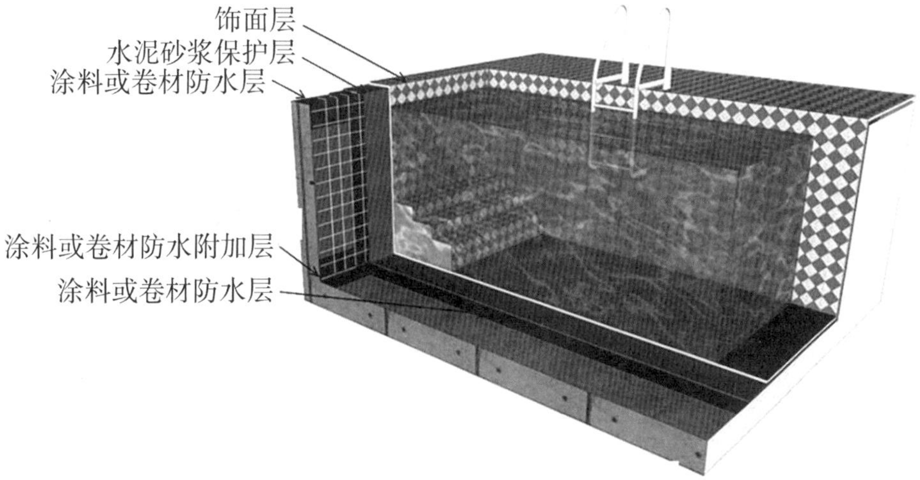

部位	构造图	构造做法
游泳池底	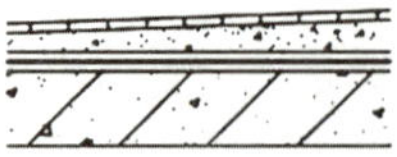	●饰面层 ●水泥砂浆保护层兼找坡 ●1.5 厚水固化聚氨酯防水涂料 1.5 厚聚合物水泥防水涂料（Ⅱ型） 1.5 厚聚合物水泥防水浆料 不小于 1.5 厚自粘防水卷材 ●混凝土池底
游泳池壁	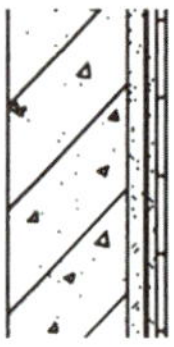	●饰面层 ●水泥砂浆保护层 ●1.5 厚水固化聚氨酯防水涂料 1.5 厚聚合物水泥防水涂料（Ⅱ型） 1.5 厚聚合物水泥防水浆料 不小于 1.5 厚自粘防水卷材 ●混凝土池壁

第四章

家装补漏

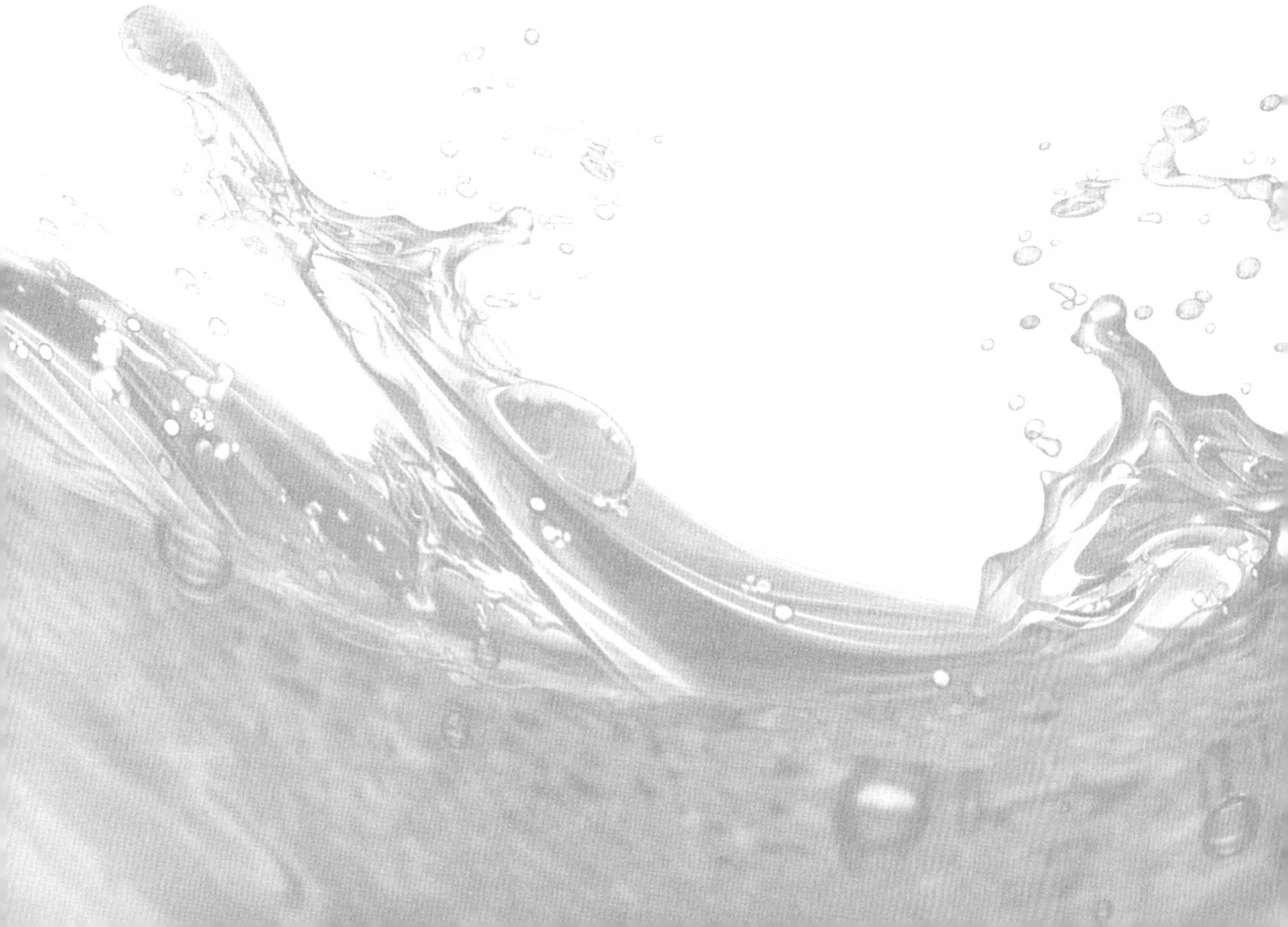

67. 家装渗漏治理的原则是什么？

在我国居民住宅中，房屋渗漏可能是由于材料不适应、设计不合理或者施工不规范等原因所致，对于渗漏治理，应遵循下述原则。

第一，屋面、外墙及厕浴间等渗漏问题工程，应以“迎水面”治理为主，并遵循“因地制宜、按需选材、多道设防、复合增强”的原则。即根据不同工程渗漏问题的部位、渗漏问题的程度与施工环境和条件，有针对性地选用与其相适应的防水堵漏材料和施工方法，对细部构造还可采用多种材料和多道设防的措施，充分体现优势互补与复合增强的理念，以便从根本上解决不同工程的渗漏问题。

第二，地下工程（包括地下室、地铁、隧道、洞库等）的渗漏应以“背水面”治理为主。治理时，应遵循“内治与外治相结合”和“刚柔相济”的原则。“内治”是指对有渗漏问题的混凝土等结构体内部，采用高压灌注水泥浆、超细水泥浆、化学浆液，或涂刷高渗透改性环氧涂料、水泥基渗透结晶型防水涂料等方法，使其在结构体内部固结、凝聚或结晶，实现堵塞渗漏通道，成功止水的目的。“外治”是指对有渗漏问题的混凝土等结构体的表面，铺抹对基层黏结力强、抗裂和抗渗性能优良的纤维聚合物水泥砂浆以及掺入高效防水剂的水泥砂浆等，进行全面封堵。“刚柔相济”是根据工程不同部位和不同的变形程度，因地制宜地采用刚性材料或柔性材料，进行多道设防或复合增强的治理措施，使各类地下工程达到不再渗漏的目的，以满足使用功能的要求。

68. 家装常用的补漏材料有哪些?

家装常用补漏材料主要有聚氨酯灌浆液、环氧树脂灌浆液、透明防水胶、聚氨酯防水涂料、水泥基防水堵漏材料等。

(1) 聚氨酯灌浆液:需配合高压灌浆机才能使用，通过高压灌浆机将材料液体压入混凝土裂缝中，聚氨酯灌浆液遇水就会发泡，聚氨酯通过遇水发泡挤压将混凝土裂缝填充密实，从而达到止水的目的。它的特点是发泡快、迅速止水，缺点是时间久了容易收缩。

(2) 环氧树脂灌浆液:同样需要配合高压灌浆机才能使用，环氧树脂灌浆液在补漏的同时可以提高混凝土结构的强度，有效防止混凝土结构二次开裂。它的优点在于不会收缩，修复时间长，能够与结构混凝土享有同等寿命期限。

(3) 透明防水胶:一般用在装修过的室内，如卫生间瓷砖、窗台，或装饰精美的外墙等。它的优点是无色透明、安全环保，在防水的同时不会影响原有装饰面的美观性，操作简单，直接涂刷即可，无须破坏原有的装饰面。

(4) 聚氨酯防水涂料:一般用于裂缝表面或结构变形缝的防水。优点是拥有非常好的柔韧性，延伸率能够达到70%以上，能轻松适应结构的变形，特别适合于变形较大的位置。

(5) 水泥基防水堵漏材料:一般用于较大孔洞的临时止水，需配合柔韧性较好的防水材料，如管道口移位、较大裂缝的修补等。优点:操作时间快，凝固时间短，对于有明水的孔洞和裂缝能起到瞬间堵漏的作用。缺点:长时间容易收缩开裂(配合柔性防水材料则可以避免开裂渗漏)。

69. 如何选择家装补漏材料？

家庭渗漏一般集中在卫生间、阳台、厨房、水池、屋面、墙面等部位。无论哪个部位渗漏，首先都要考虑从迎水面做防水，当迎水面无法修补的时候，再考虑从背水面修补。

卫生间、阳台、厨房的墙、地面一般贴有瓷砖，首选透明防水胶，因为透明防水胶可以直接涂刷在瓷砖上，表面形成一层致密透明的薄膜，不会影响室内外原有的装饰色彩。透明防水胶的选择优点在于：能与瓷砖表面形成良好的黏结力；成膜纯透明且耐黄变（不影响原装饰面的效果）；耐磨，具有足够的硬度（以免防止长期遭踩踏导致破裂）。因为需要透明防水胶外露使用，因而需要注意环保。

对于家庭内墙面没有贴瓷砖的部位，可以选用具有渗透性的结晶涂料或具有渗透效果的加固涂料。主要原理：结晶涂料可以通过混凝土毛细孔或裂缝渗透，与混凝土中的游离碱发生永久性的结晶反应，其生成的结晶体会堵塞混凝土中的毛细孔，达到止水的目的。

对于有裂缝的，可以选择高压灌浆涂料，这一类涂料主要依靠遇水膨胀挤压裂缝空隙止水；还有一种环氧类灌浆材料主要通过自身的高强黏结性与混凝土紧密地黏结在一起，从而填充混凝土缝隙，使得混凝土更密实。这种材料同时还能有效地加固混凝土，防止混凝土二次开裂，是一种很好的加固涂料。

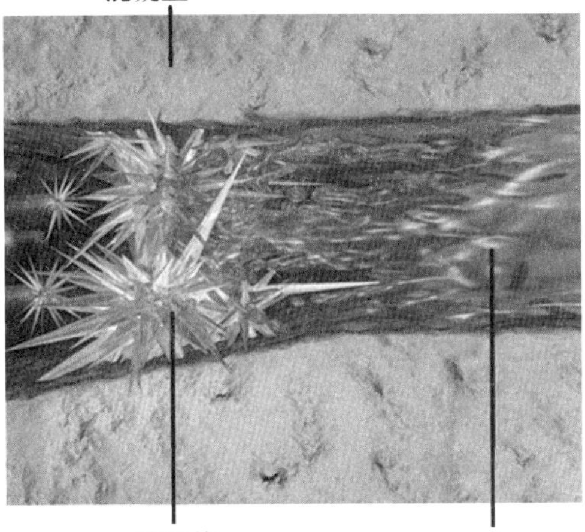

屋面漏水可选用柔韧性较好的防水涂料，如聚氨酯防水涂料，屋面属于受温差影响变形较大的部位，柔韧性良好的防水涂料可以适应结构变形。

70. 卫生间渗漏的原因是什么？

卫生间渗漏一般是混凝土结构不密实或防水层没有做好导致的。混凝土不密实主要原因是在现浇混凝土施工过程中，混凝土振捣不密实或将其他杂物掺杂其中，导致混凝土存在较多的毛细孔和缝隙，使水沿着混凝土的各种孔径和缝隙，穿过结构层产生渗漏。渗漏主要集中在阴阳角、管道口和墙面。一般阴阳角存在施工缝，是新旧混凝土的交界处，由于新旧混凝土不是一次性浇筑的，无法形成一个整体，中间必然存在较大的渗漏通道；管道口渗漏主要是因为管道与混凝土的比热容相差较大，温差变化时，二者的收缩或膨胀程度不一致，容易产生缝隙；墙面一般采用砌砖，砖块与砖块之间存在较大的缝隙，容易发生渗漏。

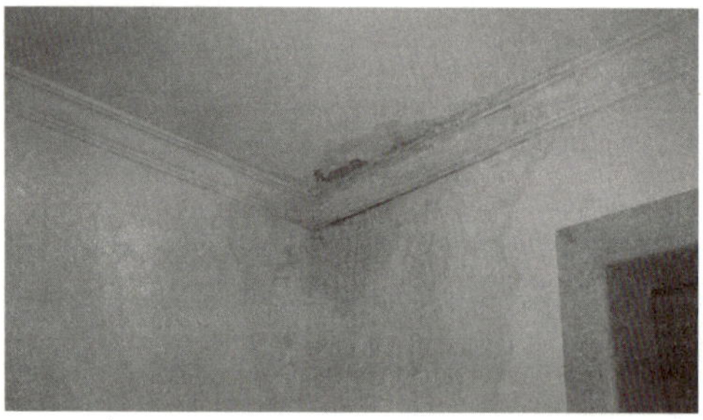

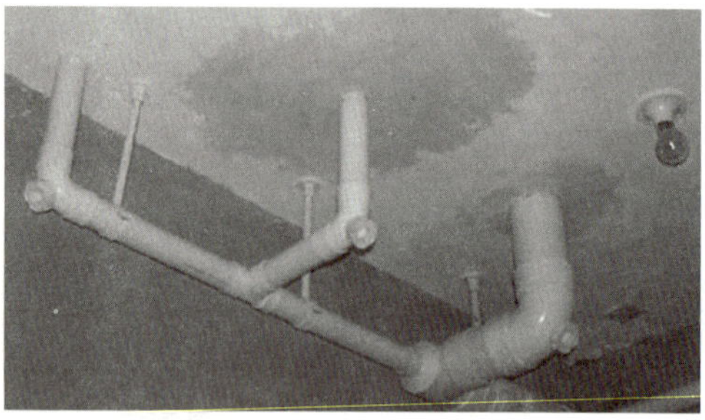

防水层施工不当主要表现在防水层细部节点没有做好或防水材料选择不当。卫生间防水层分地面防水层和墙面防水层，一般渗漏主要集中在管口、阴阳角，在给这些易渗漏的位置做防水层时，没有提前做防水附加层加强，地面的防水层没有做好会造成楼下渗漏，而墙面的防水层出现问题，则会产生室内渗漏。一旦渗漏发生，首先可以肯定的是防水层某处出现了破损。从理论上讲，只要防水层某处出现破损，卫生间的明水从墙角、瓷砖表面、接缝或其他任何可能的地方渗透到瓷砖表面以下，集中到砂浆层，这时砂浆层就相当于变成了一个水层，然后再集中到防水层破损处发生渗漏。

卫生间属于长期浸水的空间，在选择防水涂料时应当避开刚性防水涂料和不适合长期浸水的柔性防水涂料。因为刚性防水涂料容易开裂，在长期浸水的环境下容易发生渗漏；不适合长期浸水的柔性防水涂料一般都是水性类防水涂料，这一类涂料经长期浸水后容易返乳、脱落，就像奶粉加入水会溶解，水分蒸发后其结晶又变回奶粉一样。所以，在卫生间这样长期浸水的空间内应尽量选择聚氨酯或沥青基防水涂料。

71. 卫生间管边渗漏如何处理?

管边渗漏是生活中最常见的，卫生间防水没做好，一旦发生渗漏，维修起来就会十分困难。

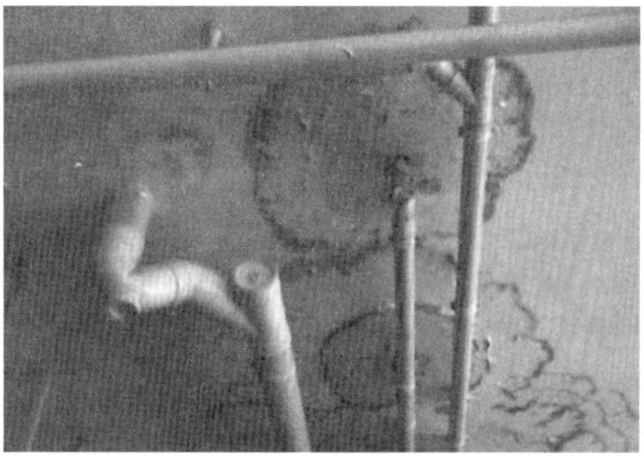

对于上图的管边渗漏，一般有三种维修方法：①直接在卫生间瓷砖表面和管边处涂刷一层透明防水胶；②从卫生间迎水面将管边周围挖开至混

凝土结构层，重新做防水；③从背水面做防水。

第一种方案：操作简单，但对防水涂料的要求较高，涂料需要透明、耐黄变、安全环保、具有足够的硬度、耐磨等。这种透明防水胶施工时，只需要将卫生间表面和管边的明水清除，保持基层干燥、干净、无油污即可，然后使用透明防水胶进行均匀涂刷。

第二种方案：补漏效果最明显，但需要破坏卫生间的装饰面。需用柔性防水涂料，不可用耐水性较差的防水涂料或刚性防水涂料。施工时将管边周围 15 ~ 20cm 范围内的瓷砖面、旧防水层、找平层等清除至混凝土结构层，然后清扫干净，均匀涂刷柔性防水涂料，确保涂刷的新涂料能与旧防水层相搭接成一个整体，最后进行表面的复原。

第三种方案：背水面防水，需先将结构混凝土外的装饰层铲除，在管道周围均匀喷涂一层基层处理剂以增强涂料与层面的黏结力，然后采用柔性涂料在管道周围均匀涂刷，进行密封，再在防水层表面均匀涂刷一层环氧砂浆用以加固，最后按原装饰面复原即可。

72. 卫生间裂缝渗漏如何处理?

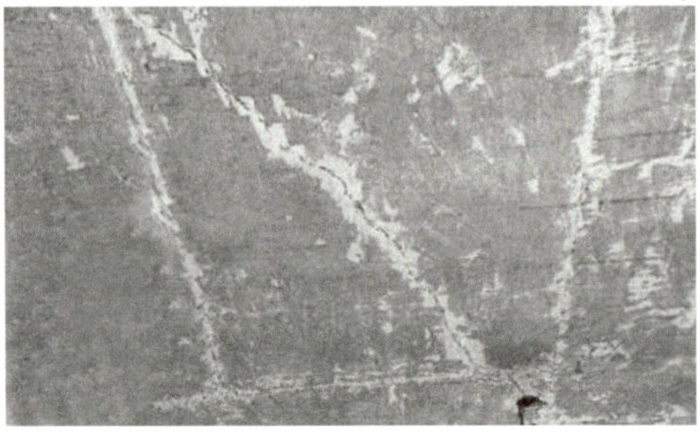

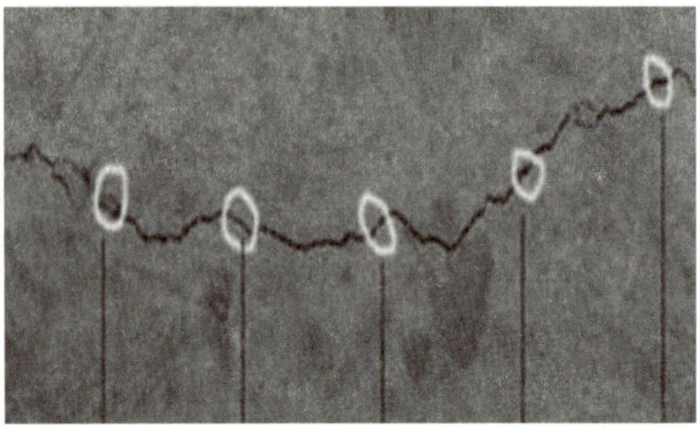

第一，渗漏原因分析。

由于混凝土收缩产生裂缝，导致渗漏，混凝土开裂的影响因素如下：

（1）混凝土的收缩：收缩是混凝土的一个主要特征，对混凝土的性能有很大影响。由于收缩而产生的微观裂缝一旦发展，则有可能引起结构的开裂、变形甚至破坏。

（2）温度应力：混凝土内的水泥在水化反应过程中散发出大量热量，使混凝土升温，并与外部气温形成一定的温差，从而产生温度应力，其大小与温差有关，并直接影响到混凝土的开裂及裂缝的宽度。

（3）混凝土材料及配合比：配合比设计不当，直接影响混凝土的抗拉强度，是造成混凝土开裂的不可忽视的原因。配合比不当指水泥用量过大、水灰比大、含砂率不对、骨料种类不佳、选用外加剂不当等，这几个因素间也是互相影响的。

（4）养护条件：养护是使混凝土正常硬化的重要手段。养护条件对裂缝的出现有着关键的影响。在标准养护条件下，混凝土硬化正常，不会开裂，但是只适应于混凝土试块或是工厂的预制件生产，现场施工中不可能拥有这种条件。现场混凝土养护越接近标准条件，混凝土开裂的可能性就越小。

（5）施工质量：混凝土浇筑施工中，振捣不均匀或是漏振等情况会造成混凝土离析、密实度差，降低混凝土结构的整体强度。混凝土内部气泡不能完全排除时，钢筋表面的气泡则会降低混凝土与钢筋的黏结力。钢筋若受到过多振动，则水泥浆会在钢筋周围密集，也会大大降低黏结力。

第二，渗漏维修措施。

（1）正面覆盖渗漏维修：这是一种简单、常见的修补方法，主要适用于稳定和对结构承载能力没有影响的表面裂缝的处理。常用的处理措施是将原卫生间沉箱内所有东西清除直至混凝土结构层，在混凝土结构层上找出裂缝，裂缝表面涂刷上水固化聚氨酯防水涂料加强层（防水加强层宽度为200mm、厚1mm，内置无纺布一层），待加强层干固后进行大面积水固化聚氨酯防水涂料施工，厚度为1.5mm。

施工工艺流程：清理卫生间内物品→打凿沉箱瓷砖层、回填层、水泥砂浆保护层及防水层等，清除直至结构层→用水清洗干净→找出裂缝→用钢刷清除缝面水泥浮浆→铺无纺布→涂刷水固化聚氨酯防水涂料一道→大面积水固化聚氨酯防水涂料施工。

（2）反面高压化学灌浆堵漏：高压化学灌浆是利用压力设备将水泥浆、环氧树脂、甲基苯烯酸酯、聚氨酯等胶凝材料压入混凝土的裂缝中，胶凝材料硬化后与混凝土形成一个整体，从而起到堵漏的目的。

施工工艺流程：于卫生间底部找出裂缝→预埋灌浆针头→灌水溶性聚氨酯防水涂料→清除灌浆针头并用堵漏灵密封处理→表面涂刷改性环氧树脂一道，防水层养护。

73. 卫生间底部和墙面慢渗问题如何处理？

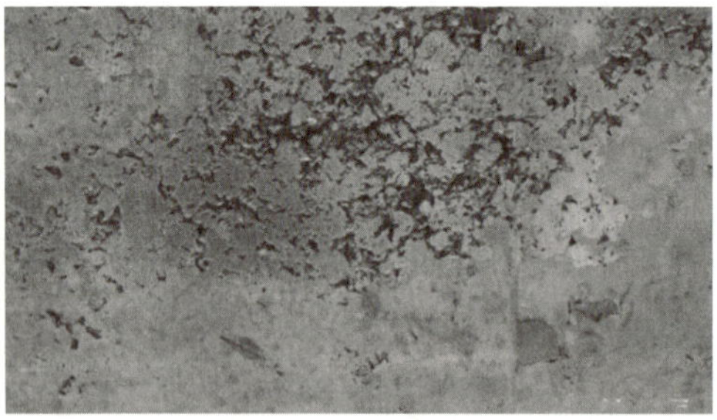

第一，渗漏原因分析。

卫生间底部出汗式慢渗主要的原因是混凝土存在蜂窝、麻面，产生蜂窝、麻面现象的原因有以下几点：

（1）模板表面不光滑、不干净；浇筑混凝土前模板湿润不够；模板缝隙过大，造成模板漏浆。

（2）混凝土没有分层下料浇筑；下料自由倾落高度过大，造成骨料分离。

（3）混凝土入模后，振捣质量差，造成漏振或过振。

（4）混凝土浇筑完工后，没有很好地进行养护。

第二，渗漏维修措施。

（1）正面覆盖渗漏维修：这是一种简单、常见的修补方法，主要适用于卫生间防水层失效，结构不密实产生的渗漏。常用的处理措施是将卫生间沉箱内所有东西清除直至混凝土结构层，混凝土局部缺陷用堵漏灵填平，再进行大面积水固化聚氨酯防水涂料施工。

施工工艺流程：清理卫生间内物品→打凿沉箱瓷砖层、回填层、水泥砂浆保护层及防水层等，清除直至结构层→用水清洗干净→大面积水固化聚氨酯防水涂料施工。

（2）卫生间底部反面防水加固二合一：将混凝土结构层进行渗漏处理后加固。首先拆除卫生间底部的吊顶，涂抹聚合物水泥防水砂浆止住渗漏后，用改性环氧树脂进行加固处理。

施工工艺流程：拆除卫生间底部的吊顶装饰→涂抹聚合物水泥防水砂浆→涂刷改性环氧树脂。

74. 卫生间门槛底部渗漏如何处理？

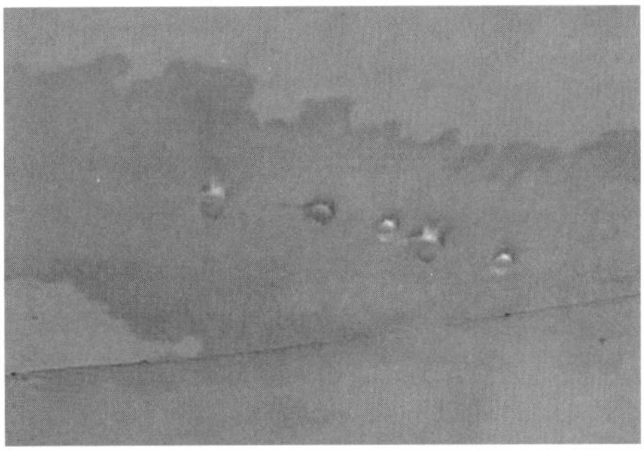

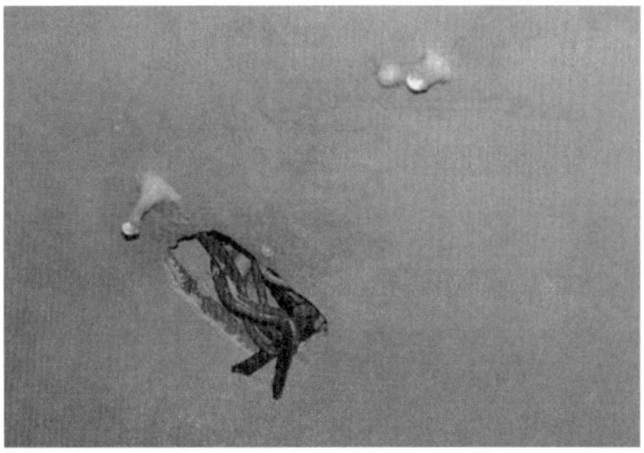

第一，渗漏原因分析。

在使用卫生间时，水通过卫生间地面砖缝渗入卫生间沉箱中，日积月累，沉箱内积水满后从门槛底部或混凝土楼板有缺陷部位往下渗，导致卫生间门槛底部或附近楼板出现渗漏现象。

第二，渗漏维修措施。

通过排水，降低沉箱内的水位，以此达到治理此部位渗漏的目的。具体操作为：将距排污管约300mm的四周瓷砖打开并清理至排污管根部，在排污管根部开一小孔将沉箱内积水排出，待积水排干净后，在排污管根部小孔处接上约50mm长的二次排水管，将排水管入水口处包上塑料网，并在其周围填埋小石块，然后将卫生间结构恢复。

第三，施工工艺流程。

拆除卫生间排污管四周瓷砖→清理填埋物→在排污管根部开口排水→安装二次排水管→卫生间结构恢复。

75. 屋面常见渗漏原因有哪些？

屋面常见渗漏的部位有：屋面裂缝、屋面管口、屋面天窗、屋面落水口、屋面天沟、屋面沉降缝等。

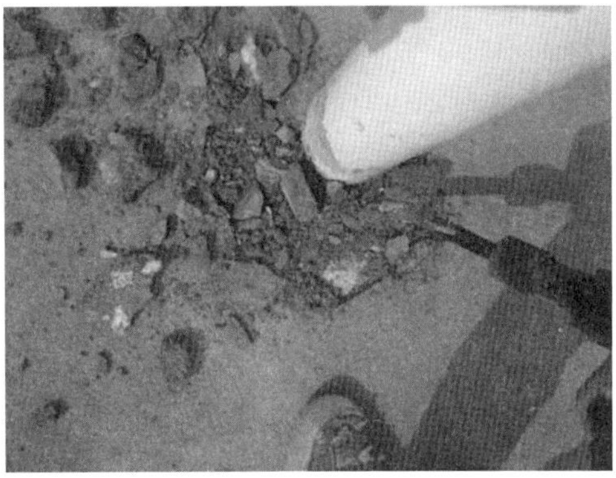

屋面渗漏的主要原因有：①屋面天沟没有做好排水坡度或天沟堵塞排水不畅；②屋面没有做防水；③屋面防水选材不合适；④管口、水落口、地漏、天窗与混凝土接缝等细节部位处理不当；⑤屋面沉降缝、伸缩缝等没有选择适当的防水涂料。

防水应遵循排为主，防为辅，防、排结合的原则。设置排水坡度的主要原因，是下雨天能通过其迅速将屋面积水排出，防止由于积水过久而引发的渗漏。平屋面的排水坡度宜为2%～3%，结构找坡宜为3%，材料找坡（即建筑找坡）宜为2%，天沟、檐沟纵向坡度不应小于0.3%。

屋面直接受外界气候的影响，受震动后变形较大，时间久了容易产生裂纹，雨水容易透过裂纹向室内渗漏。只有在屋面做了防水层后，才能应对结构裂缝渗漏现象。同时要选择柔韧性较好的防水涂料，才能应对结构混凝土可能产生的弹性形变和裂纹。

管口、水落口、地漏、天窗等部位属于不同涂料的交接处，由于不同涂料在温差变化时，各自的膨胀或收缩率不一致，容易产生缝隙，若选择刚性防水涂料进行细节部位处理，会造成开裂，所以这些细节部位一定要选择特定的柔性防水涂料进行密封。

沉降缝、伸缩缝是变形最大的位置，若在这些特殊的位置用防水砂浆类的涂料，很容易造成挤压破坏或拉伸开裂，从而留下渗漏隐患。这些位置应该在缝隙两端砌筑反坎，缝隙之间嵌填柔性防水涂料，涂料需延伸到反坎两端，并采用镀锌槽钢对其进行表面覆盖。

76. 屋面落水口渗漏如何处理?

第一，渗漏原因分析。

落水口是屋面或者楼面有组织排水方式中收集、引导屋面雨水流入排水管的装置，有直式和侧向雨水口，所用的材料有钢丝罩、铸铁盖、镀锌铁皮水斗。落水口的设置要根据汇水区域面积与排水管的管径确定，布置的间距一般在 15m 左右。屋面的落水口一般设在檐沟上（直式雨水口）和女儿墙外侧（侧向雨水口），楼面的落水口相对较小，类似于地漏。由落水口材料和混凝土这两种不一样的材质物品形成的系统，缺乏很好的咬合，由于时间久远、热胀冷缩等原因，两者间易出现缝隙，引发渗漏现象。

第二，渗漏维修措施。

（1）正面渗漏维修：将距落水口约300mm的四周瓷砖层、水泥砂浆保护层和防水层等打开并用水清洗干净，分两次涂刷水固化聚氨酯防水涂料，待防水层干固后试水无渗漏，再进行表面层恢复。

施工工艺流程：拆除距落水口约300mm的四周瓷砖层、水泥砂浆保护层和防水层直至结构层→基层用水清洗干净→涂刷水固化聚氨酯防水涂料两遍→试水无渗漏→表面层恢复。

（2）反面渗漏维修：在落水口的下方沿接水斗四周凿宽50mm、深30mm的凹槽（含水泥砂浆保护层为50mm深），分两次涂刷水固化聚氨酯防水涂料（如有明水渗出则采用堵漏灵封堵），待防水层干固后试水无渗漏，再用环氧砂浆将凹槽抹平。

77. 屋面女儿墙根部渗漏如何处理？

第一，渗漏原因分析。

由于建筑沉降等原因，女儿墙容易受到影响，产生结构裂缝。另外屋面结构板和保温层在外界温度影响下，产生不协调的热胀冷缩变形，因而引起天面和女儿墙所受的热胀冷缩冲击，令女儿墙造成移位裂缝。女儿墙位于建筑物顶部，且暴露在室外，冬季易受冰冻，特别在降雪反复天气，受反复冻融；夏季受太阳暴晒，水泥砂浆压顶及两侧灰层容易爆裂，导致雨水侵入，渗到室内。而对部分屋顶保温层施工时，若未留足够的伸缩缝，保温层热胀冷缩应力大，易将女儿墙向外推出，产生裂缝，甚至将防水层拉裂。

第二，渗漏维修措施。

清除女儿墙墙面至结构层，屋面平面打凿至原防水层，距离女儿墙墙根500mm，并将距离女儿墙根300mm打凿至结构层。用钢丝刷清理灰尘异物后，查找裂缝、孔洞等结构缺陷，清理并喷涂防水剂，采用堵漏灵分层填堵结构缺陷。堵漏灵达到强度后，涂刷改性环氧树脂并内衬碳纤维布为结构补强。女儿墙上抹10mm厚聚合物水泥防水砂浆，墙根做直径50mm圆弧角，待女儿墙聚合物水泥防水砂浆抹灰达到强度后，涂刷2mm厚水固化聚氨酯防水涂料，与原防水层搭接不低于100mm。

第三，施工工艺流程。

打凿至混凝土结构层→清理结构缺陷→喷涂防水剂→堵漏灵分层填堵结构缺陷→抹聚合物水泥防水砂浆施工→涂刷水固化聚氨酯防水涂料→恢复屋面结构。

78. 屋面设备基座渗漏如何处理？

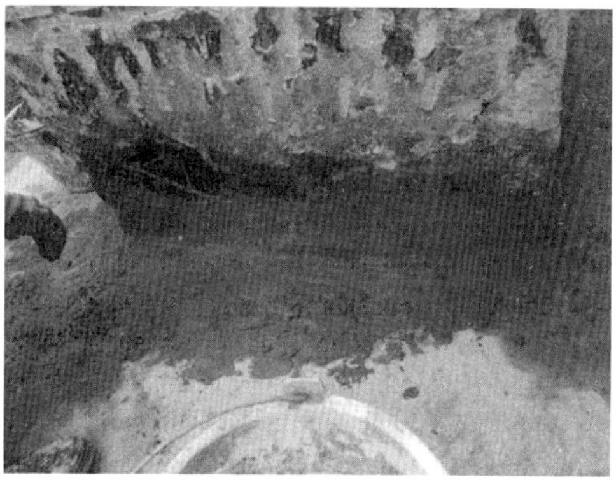

第一，渗漏原因分析。

屋面设备基座为屋面二次结构，因施工交叉、施工队伍不同等，易导致结构裂缝等缺陷。工序问题、施工时间问题及各工种配合问题等导致防水层施工时细节处理不到位，存在渗漏隐患。另外，检修屋面设备容易造成防水层的破坏，也是渗漏的一大原因。

第二，渗漏维修措施。

屋面设备基座渗漏，需要清理基座附近500mm至原防水层，并清理基座附近300mm至混凝土结构层，用钢丝刷将灰尘等杂物清理干净。如有裂缝或者孔洞等结构缺陷，需将其清除，然后喷涂防水剂，待防水剂达到粘贴强度后，用堵漏灵分层填堵。在堵漏灵达到强度后，涂刷2mm厚的水固化聚氨酯防水涂料（内衬无纺布），并与原防水层搭接不低于100mm。

第三，施工工艺流程。

拆除屋面机器设备→打凿基座附近结构层→清理干净→喷涂防水剂→堵漏灵分层填堵结构缺陷→涂刷水固化聚氨酯防水涂料（内衬无纺布）→恢复屋面结构。

79. 屋面烟道渗漏如何处理？

第一，渗漏原因分析。

屋面烟道二次结构浇筑，在新旧混凝土交接处容易渗漏，若在烟道施工时不按施工规范操作，二次结构浇筑前未进行凿毛处理，新旧混凝土交接不实形成交接缝，或者部分烟道底部为非混凝土结构，则更容易造成渗漏。

第二，渗漏维修措施。

屋面烟道渗漏，打凿烟道四周500mm内瓷砖层、回填层、砂浆层、保护层直至结构层（预留200mm原防水层用于搭接），用钢丝刷将水泥浮浆杂物清理干净。如有裂缝、孔洞等混凝土结构缺陷，清理后喷涂防水剂，再用堵漏灵分层填堵。堵漏灵达到强度后，涂刷2mm厚的水固化聚氨酯防水涂料（内衬无纺布），与原防水层搭接不低于100mm。如烟道底部为非混凝土结构，处理完结构缺陷后，在烟道立面抹10mm厚聚合物水泥防水砂浆，待砂浆达到强度并干燥后，再涂刷2mm厚的水固化聚氨酯防水涂料（内衬无纺布），并与原防水层搭接不低于100mm。

第三，施工工艺流程。

打凿烟道四周直至混凝土结构层→清理干净→喷涂防水剂→堵漏灵分层填堵结构缺陷→抹聚合物水泥防水砂浆（非混凝土结构烟道）→涂刷水固化聚氨酯防水涂料（内衬无纺布）→恢复屋面结构。

80. 屋面伸缩缝渗漏如何处理？

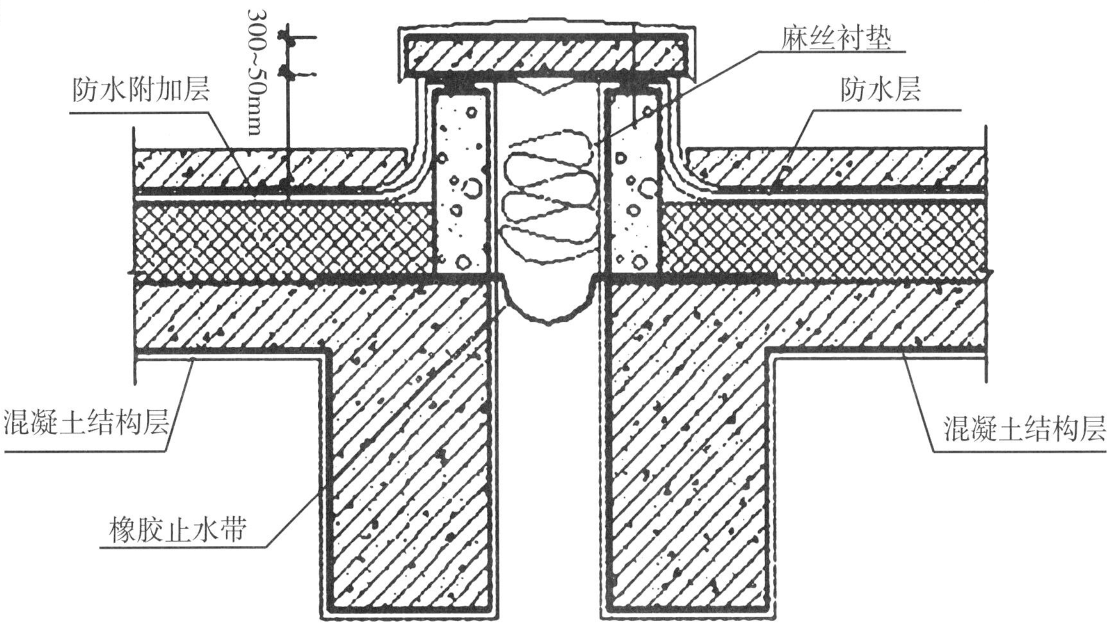

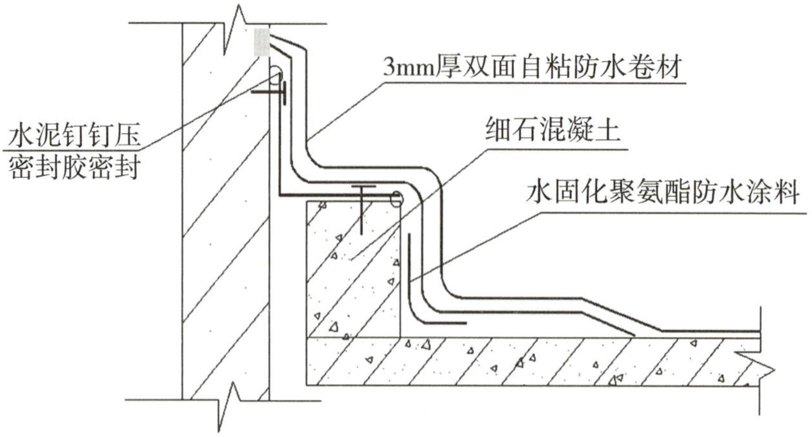

第一，渗漏原因分析。

伸缩缝，是指为防止建筑物构件受气候温度变化影响（热胀冷缩）使结构产生裂缝或受到破坏，而沿建筑物或者构筑物施工缝方向的适当部位设置的一条构造缝。伸缩缝是将基层以上的建筑构件如墙体、楼板、屋顶等分成两个独立部分，使建筑物或构筑物沿长度方向可做水平伸缩。屋面伸缩缝常见为平缝与高低缝，其渗漏原因主要有两方面：一方面，伸缩缝的返边与混凝土间存在缝隙，在防水层施工不当或破损情况下出现渗漏；另一方面，伸缩缝顶部防水施工存在问题或根本没有进行防水措施。

第二，渗漏维修措施。

（1）将距伸缩缝800mm内覆盖于伸缩缝上的花、草、回填土、水泥砂浆保护层等清理干净，注意预留原防水层，以便与新防水层搭接。

（2）伸缩缝顶部的镀锌铝皮与混凝土交接处用防水硅硐胶密封处理。

（3）将伸缩缝返边根部清理干净，检查是否存在孔洞（如有用堵漏灵将其填平），涂刷水固化聚氨酯防水涂料两遍。

（4）用自粘聚合物改性沥青防水卷材（湿铺法）将伸缩缝完全覆盖，注意新旧防水层的搭接及新防水层的收口密封。

第三，施工工艺流程。

将覆盖于伸缩缝上的花、草、回填土、水泥砂浆保护层清理干净至结构层→基层修补→伸缩缝顶盖板边、搭接边密封→伸缩缝返边根部涂刷水固化聚氨酯防水涂料两遍→卷材施工→试水→表面层恢复。

81. 屋面结构裂缝渗漏如何处理?

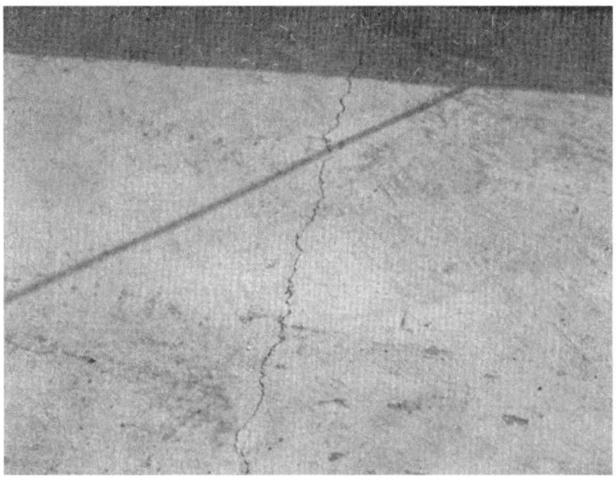

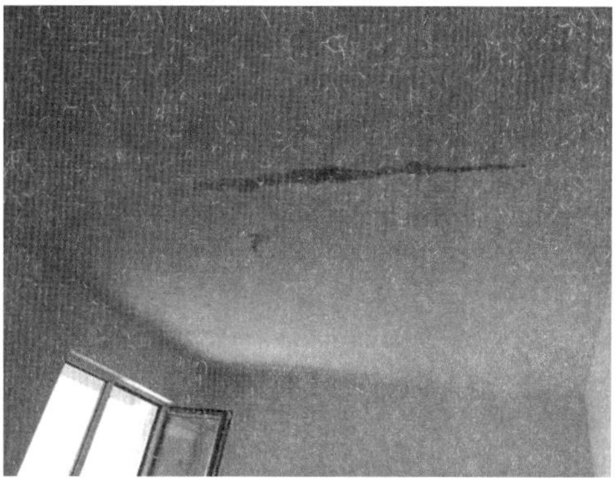

第一，渗漏原因分析。

(1) 收缩裂缝：收缩裂缝是混凝土主要常见特点之一，因水泥凝结时自由水消失、水泥收缩造成微观裂缝，在后期各种因素的影响下，裂缝扩大造成渗水。

(2) 温度应力裂缝：受水泥水化反应中热量释放的影响，混凝土与外部环境有一定的温差，造成较大的温度应力，其大小与温差大小相关，并直接影响混凝土开裂和裂缝的大小。

(3) 不均匀沉降裂缝：受荷载及水文地质影响，建筑主体会有一定的不均匀沉降，造成屋面混凝土的扯裂裂缝，裂缝宽度受温度影响较小，因荷载大小而异，且与不均匀沉降值成比例。

(4) 混凝土材料质量裂缝：水泥凝结或膨胀不正常、骨料含泥量过多、含碱量过多及水灰比、坍落度不合适等因素也会造成裂缝。

（5）施工质量：混凝土浇筑施工中，振捣不均匀或漏振等情况，会造成混凝土离析、密实度差，降低结构的整体强度。混凝土内部气泡不能完全排除时，钢筋表面的气泡则会降低混凝土与钢筋的黏结力。钢筋若受到过多振动，则水泥浆在钢筋周围密集，也会大大降低黏结力。

（6）养护条件：养护是使混凝土正常硬化的重要手段。养护条件对裂缝的出现有着关键的影响。在标准养护条件下，混凝土硬化正常，不会开裂，但是只适应于试块或工厂的预制件生产，现场施工中不可能拥有这种条件。现场混凝土养护越接近标准条件，混凝土开裂的可能性就越小。

第二，渗漏维修措施。

（1）正面覆盖修补：主要适用于稳定和对结构承载能力没有影响的表面裂缝处理。常用的处理措施是将原有的屋面结构内所有东西清除直至结构层，在结构层上找出裂缝，沿裂缝开30mm宽的V型槽，将V型槽与附近基层清理干净后，沿V型槽涂刷100mm宽的改性环氧树脂，待改性环氧树脂达到强度后，在其上涂刷水固化聚氨酯防水涂料加强层，再进行大面积水固化聚氨酯防水涂料施工。

施工工艺流程：打凿屋面保温层、水泥砂浆保护层及防水层等直至混凝土结构层→找出混凝土裂缝→开V型槽→涂刷改性环氧树脂→涂刷水固化聚氨酯防水涂料→大面积水固化聚氨酯防水涂料施工。

（2）反面高压化学灌浆堵漏：高压化学灌浆是利用压力设备将水泥浆、环氧树脂、甲基苯烯酸酯、聚氨酯等胶凝材料压入混凝土的裂缝中，胶凝材料硬化后与混凝土形成一个整体，从而起到堵漏的目的。

施工工艺流程：于屋面底部找出混凝土裂缝→预埋灌浆针头→灌水溶性聚氨酯防水涂料→清除灌浆针头，并用堵漏灵密封填平处理→表面涂改性环氧树脂一道。

82. 屋面新旧混凝土交接处渗漏如何处理？

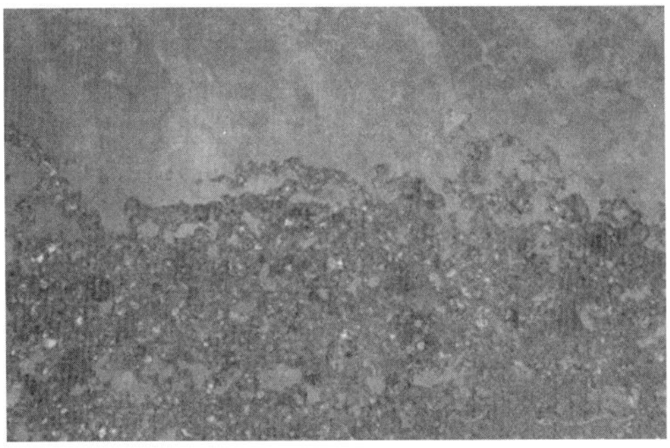

第一，渗漏原因分析。

新旧混凝土交接处施工缝渗漏的主要原因是：①施工缝预留位置不当，施工缝混凝土表面没有凿毛，残渣没有冲洗干净，新旧混凝土结合不牢；②施工缝未做企口或没有安装止水带；③配合比设计不当，骨料集中于施工缝处；④混凝土墙体单薄，钢筋过密，振捣困难，混凝土不密实；⑤没有采用补偿收缩混凝土，因而造成接槎部位产生收缩裂缝等。

第二，渗漏维修措施。

（1）正面覆盖修补：主要适用于稳定和对结构承载能力没有影响的表面裂缝处理。常用的处理措施是将原有的屋面结构内所有东西清除直至结构层，在结构层上找出裂缝，沿裂缝开 30mm 宽的 V 型槽，将 V 型槽与附近基层清理干净后，沿 V 型槽涂刷 100mm 宽的改性环氧树脂，待改性环氧树脂达到强度后，在其上涂刷水固化聚氨酯防水涂料加强层，再进行大面积水固化聚氨酯防水涂料施工。

施工工艺流程：打凿屋面保温层、水泥砂浆保护层及防水层等直至混凝土结构层→找出混凝土裂缝→开 V 型槽→涂刷改性环氧树脂→涂刷水固化聚氨酯防水涂料→大面积水固化聚氨酯防水涂料施工。

（2）反面高压化学灌浆堵漏：高压化学灌浆是利用压力设备将水泥浆、环氧树脂、甲基苯烯酸酯、聚氨酯等胶凝材料压入混凝土的裂缝中，胶凝材料硬化后与混凝土形成一个整体，从而起到堵漏的目的。

施工工艺流程：于屋面底部找出混凝土裂缝→预埋灌浆针头→灌水溶性聚氨酯防水涂料→清除灌浆针头，并用堵漏灵密封填平处理→表面涂改性环氧树脂一道。

83. 钢结构屋面渗漏如何处理？

第一，渗漏原因分析。

（1）钢结构瓦片搭接处渗水：钢构瓦片之间的搭接经过风吹日晒，搭接部位出现锈蚀、翘边现象，造成瓦片搭接处渗漏。

（2）钢构瓦片固定钉孔渗水：钢构瓦片一般为铆钉固定，钉孔位置密封失效后直接形成渗水源头。

第二，渗漏维修措施。

钢构瓦片搭接及其固定钉孔密封老化造成渗漏，先将渗漏部位清理干净，用硅酮耐候密封胶密封搭接缝或钉孔，再涂刷100mm宽丙烯酸防水涂料（内衬无纺布）。

第三，施工工艺流程。

清理渗漏部位→硅酮耐候密封胶密封搭接缝或钉孔→铺贴无纺布→涂刷丙烯酸防水涂料。

84. 外墙渗漏是什么原因？

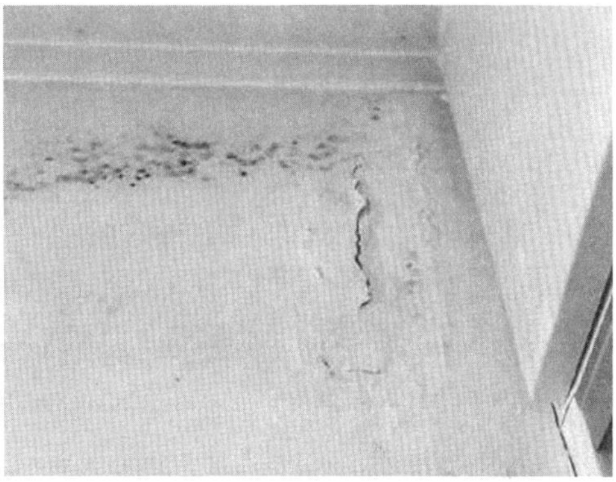

（1）裂缝渗漏：由于荷载、不均匀沉降、震动等因素，建筑外墙受力拉扯，造成裂缝。通常外墙的裂缝会同时撕扯、损坏外墙防水层，使外墙防水失效。

（2）贴砖、抹灰质量问题：外墙抹灰、贴砖空鼓，使雨水阴积于空鼓部位，不但造成外墙的潮湿、渗漏，而且影响外墙饰面的质量，存在外墙饰面松动、脱落隐患；另外，抹灰裂缝及外墙贴砖未勾缝等，也容易造成外墙渗漏。

（3）窗台、雨檐等外墙部位渗漏：窗台、雨檐、外墙挂饰等外墙体部位是外墙的防水重点，因日晒雨淋等因素，此部位的防水密封容易老化，造成密封不密实渗漏，且外墙体部位存在不同程度的裂缝，水分沿裂缝渗入墙体，从而出现阴湿、渗漏等。

（4）空调管、线管等穿墙管道渗漏：穿墙的管道内置套管与墙体松动，外墙抹灰层存在间隙，雨水沿管与墙之间的间隙渗入。

（5）外墙变形缝渗漏：外墙变形缝是应对超高和大规模建筑工程之热胀冷缩、楼层高低不等而引起的不均匀沉降，以及地震等造成楼宇的震动而设置的建筑变形缝构造。因其设计要求特性，其防水难度和渗水率一直是外墙防水的重点和难点。

85. 外墙裂缝渗漏如何处理？

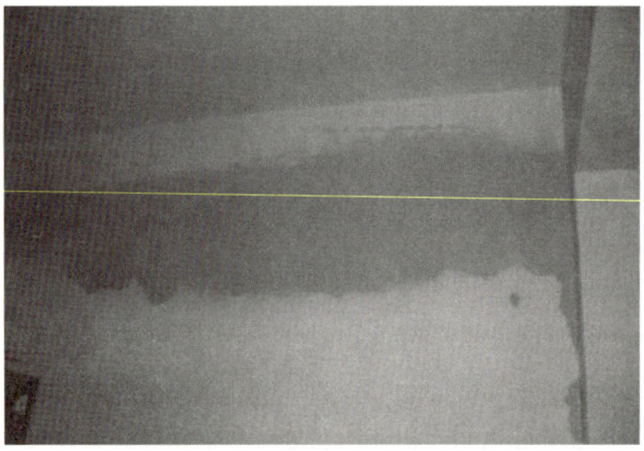

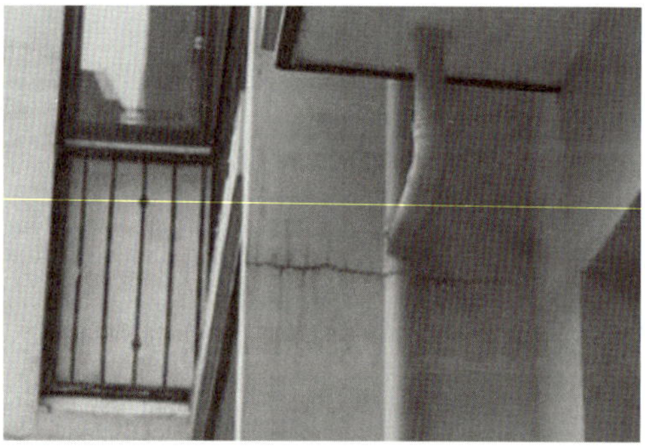

第一，渗漏原因分析。

（1）温度裂缝：由于施工期间温差较大、受到外界约束等原因引起的裂缝。一般为表面裂缝。

（2）收缩裂缝：抹灰砂浆中水泥水化、硬化时，由于体积逐渐缩小等引起的抹灰面干缩或收缩。因砂浆中水泥的安定性差，水泥在硬化后产生不均匀的体积变化，由此产生大量的收缩裂缝，这种裂缝一般为表面裂缝。

（3）空鼓裂缝：底层灰浆与墙面基层黏结不牢固，施工期淋水不够，抹灰后水分很快被墙面吸收，影响黏结力，形成空鼓而产生的裂缝。另外，墙面清扫不干净、墙体含水率不一致、中间层砂浆标号高于底层砂浆标号而造成收缩不一致，都可能产生空鼓裂缝。

（4）结构裂缝：由墙体结构变化引起的裂缝，这种裂缝比较明显，属于贯穿性裂缝，其长度和宽度都很大，是外墙渗漏的主要原因。

第二，渗漏维修措施。

找到外墙裂缝位置，如抹灰层表面空鼓、开裂等不深，可在清理干净墙体基层后涂刷外墙防水透明胶。针对贯通性结构裂缝，清理外墙饰面层至结构层后，沿裂缝凿开 30mm 宽 V 型槽，再沿 V 型槽 100mm 涂刷聚合物水泥防水涂料，抹聚合物水泥防水砂浆填平，待防水砂浆达到强度即可恢复饰面层。

第三，施工工艺流程。

清除外墙饰面层至结构层→找到裂缝→开 V 型槽→涂刷聚合物水泥防水涂料→聚合物水泥防水砂浆抹平→恢复饰面层。

86. 外墙瓷砖渗漏如何处理?

第一，渗漏原因分析。

瓷砖空鼓、开裂及脱落等原因导致雨水渗入墙面；外墙瓷砖施工后未勾缝，雨水顺砖缝渗入墙面。

第二，渗漏维修措施。

打凿渗水部位瓷砖层及抹灰层，如抹灰层存在空鼓、开裂等现象，需将其铲除，在干净的外墙基层上涂刷聚合物水泥防水涂料，用强力瓷砖胶贴满外墙瓷砖并密实勾缝。

第三，施工工艺流程。

（1）打凿外墙瓷砖层、黏结层至抹灰层→涂刷聚合物水泥防水涂料→粘贴瓷砖→勾缝。

（2）针对未勾缝瓷砖渗漏，其工艺流程为：先用钢刷清洗瓷砖缝，然后用密封材料进行勾缝处理，勾缝完成后，再在瓷砖面及砖缝喷涂瓷砖透明防水密封胶。

87. 外墙窗框渗漏如何处理？

第一，渗漏原因分析。

（1）窗框在施工过程中没有填充饱满，存在空隙。

（2）窗框在使用过程中发生震动、密封材料老化等原因导致窗框与窗洞之间缝隙密封缺失，水从缝隙中渗入。

第二，渗漏维修措施。

打凿、清除窗框与窗洞间的填充材料，用聚合物水泥防水砂浆填充、封堵窗框缝并抹平，聚合物水泥防水涂料涂刷窗框缝，表面层结构恢复。

第三，施工工艺流程。

打凿、清理窗框缝→聚合物水泥防水砂浆填充、封堵窗框→涂刷聚合物水泥防水涂料→表面层结构恢复。

88. 外墙变形缝渗漏如何处理？

第一，渗漏原因分析。

建筑物在使用过程中沉降不均匀，部分被墙体拉裂，固定钉松脱，盖板翘边或因长年使用出现锈蚀、破损现象等，导致渗漏。

第二，渗漏维修措施。

应更换已锈蚀、损坏的金属盖板，金属盖板应在做好防锈处理后锚固在砖墙上，固定螺丝眼宜用与金属盖板颜色相近的密封材料嵌填、密封。将缺陷部位修补完成后，用防水硅硐胶将盖板与盖板搭接处、盖板与墙体交接处密封。

第三，施工工艺流程。

修补盖板缺陷→将各种交接处清理干净→用防水硅硐胶密封处理。

89. 外墙空调管口渗漏如何处理？

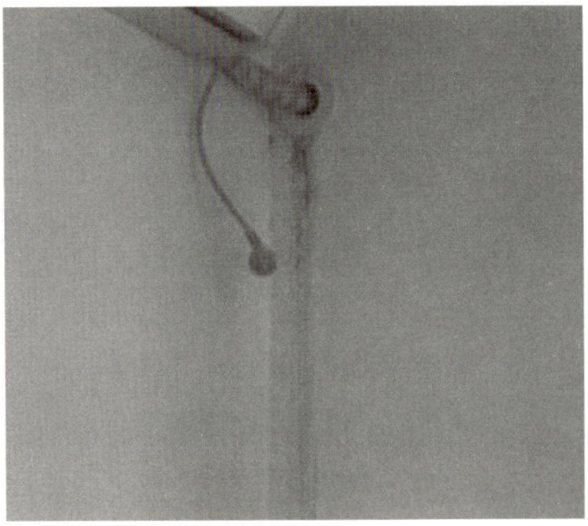

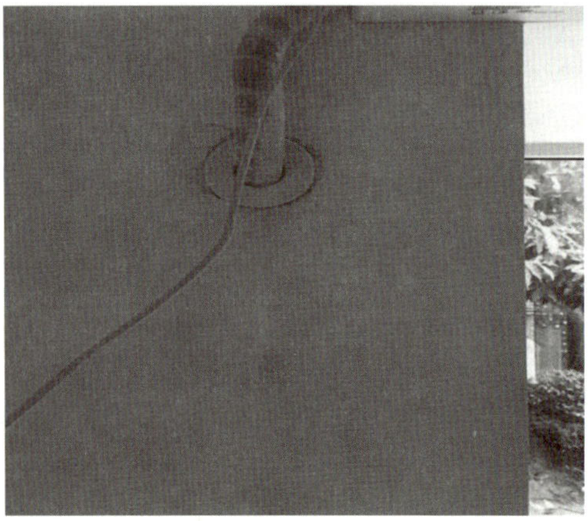

第一，渗漏原因分析。

空调洞应有一定的倾斜度，即外墙洞口低一些、内墙洞口高一些（内高外低）。若开孔时外高内低，雨水会从洞口倒灌进入室内；若空调洞口的盖板密封失效，不能有效地拦截雨水，也会导致渗漏。

第二，渗漏维修措施。

摘掉空调孔盖板，打凿空调洞四周扩大约 50mm 范围，把空调洞清理干净，对空调管与空调洞的缝隙处，密实封堵遇水膨胀止水条，用堵漏灵填平，涂刷聚合物水泥防水涂料，表面层结构恢复。

第三，施工工艺流程。

空调洞打凿→封堵遇水膨胀止水条→堵漏灵填平→涂刷聚合物水泥防水涂料→表面层结构恢复。

90. 注浆施工有哪些要求？

（1）注浆前，清理注浆孔，安装好注浆管，保证其畅通，必要时应当进行压水试验。

（2）注浆是一项连续作业，不得随意停泵，以防砂浆沉淀，堵塞管路，影响注浆效果。

（3）注浆顺序为由低处向高处，由无水处向有水处依次压注，以利于填充密实，避免浆液被水稀释离析。当漏水量较大时，应分段留排水孔，以免多余水压抵消部分注浆压力，最后处理排水孔。

（4）注浆时，须严格控制注浆压力，防止大量跑浆与结构裂隙。在土层中注浆为压密注浆（岩石地层无此作用），在衬砌外形成防水层和密实结构时，应当掌握压压停停、低压慢注、逐渐上升注浆压力的规律。因为注浆压缩土层主要是为了把土壤中孔隙或裂隙中的水和空气挤出，土颗粒产生相对位移。但是这些活动均需一定过程，要花费一定时间。

（5）在注浆过程中，若发现施工缝、混凝土裂缝、料石或者砖的砌缝处有少量跑浆，可用速凝砂浆勾缝堵漏后继续注浆。当冒浆或者跑浆严重时，应关泵停压，待两三天后进行第二次注浆。

（6）采用料石或者砖垒砌的竖井、斜井或者地道，在注浆前应先做水泥砂浆抹面防水，以免注浆时到处漏浆。

（7）在某一注浆管注浆时，邻近各浆管均应开口，让壁外地下水从邻近管内流出，当发现管内有浆液流出时，应当马上关闭。

（8）注浆结束标准：当注浆压力稳定上升，达到设计压力后稳定一段时间（土层中要适当延长时间），不进浆或进浆量很少时，即可停止注浆，进行封孔作业。

（9）停泵后立即关闭孔口阀门进行封孔，待砂浆初凝后，再拆卸注浆管，并且用高强度水泥砂浆将注浆孔填满捣实。

91. 水泥、水玻璃水泥浆灌浆堵漏法如何施工？

（1）布置灌浆孔和排气孔。先查明渗漏部位，再布置注浆排水（汽）孔。注浆孔需交错布置，间距为500mm，可用凿子或电钻打孔，孔径比注浆管直径大30～40mm，并且孔深不小于50mm。打好孔后用水冲洗干净，将注浆管用水泥砂浆固定，并封闭管口四周。若沿裂缝渗漏时，应沿裂缝凿成V型槽，在槽底放置绳索或砾石排水夹层，在夹层间放置注浆管，排水夹层外用双快水泥砂浆封闭，以保证水从注浆管流出。一般注浆使用直径为19～25mm的短钢管，强渗漏时用50～75mm的钢管。

（2）压力灌浆。若水流全部被注浆管截取，管周及裂缝封闭砂浆有一定强度时，便可压浆。灌浆次序为先内后外，自下而上，以有利于浆液自里向外、自下而上流动，以免缝内空气被浆液堵塞。压浆使用压力与渗漏程度、结构尺寸、密实情况有关。对于地下水位以下结构，压浆使用压力需高于静水压力，可达0.6～0.8MPa；混凝土结构一般为0.4～0.6MPa；对易变形的砖石结构取0.1～0.3MPa；对厚200mm以下的薄壁结构最好不超过 0.4MPa。

（3）灌浆操作。灌浆时，先开泵使其达到规定压力值，停泵，让灰浆慢慢渗入，当表压下降到 0.1～0.2MPa 时，二次开泵，使其升到规定压力值，这样反复进行，直到压力稳定在规定压力值不再下降为止。压力解除后不再有漏水和渗水现象时，给该处灌浆，待完成后，移到下一灌浆孔灌筑。

92. 地下室后浇带渗漏如何处理？

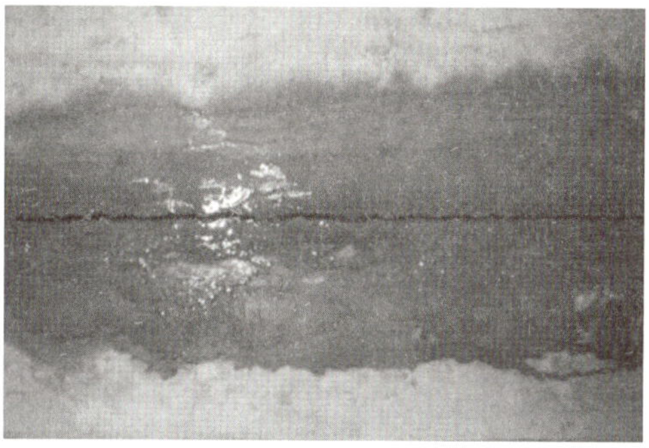

第一，渗漏原因分析。

（1）浇筑混凝土时，振捣没有达到要求，产生了麻面、蜂窝等现象。

（2）新旧混凝土收缩不均或杂质未清理干净，导致搭接不牢，产生缝隙。

第二，渗漏维修措施。

针对蜂窝、麻面的渗漏，背水面应先止水再设置刚性防水层，止水前应先凿除混凝土中的疏松部位及杂质，再采用钻孔注浆或嵌填速凝型无机防水堵漏材料止水，止水后应在渗漏部位及其周边 200mm 范围内涂布水泥基渗透结晶型防水涂料，并抹压聚合物水泥防水砂浆找平。

针对底板后浇带接缝处混凝土不密实或裂缝所引起的渗透，高压泵从一端向缝内注入水溶性聚氨酯堵漏剂（或其他水溶性堵漏剂，或环氧树脂灌缝胶）至另一端溢出灌浆液为止，然后清理灌浆溢液，沿缝涂刷100mm宽的改性环氧树脂。

迎水面若是可翻开，可考虑凿开原防水层，沿着后浇带重新做防水卷材加强层。

第三，施工工艺流程。

钻孔注浆→裂缝开槽→清理基层→嵌填速凝型无机防水堵漏材料→聚合物水泥防水砂浆→找平。

93. 地下室伸缩缝渗漏如何处理？

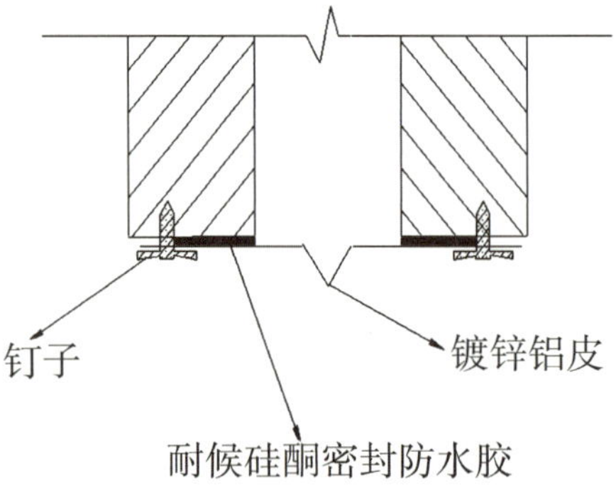

第一，渗漏原因分析。

（1）基础产生不均匀沉降和位移，使变形缝盖板变形，原伸缩缝上防水层失效渗漏。

（2）在施工时，没有意识到伸缩缝是防水重点、难点，也没有注重防水层施工问题，如伸缩缝返边根部处理不到位、盖板防水处理不到位等。

第二，渗漏维修措施。

（1）地下室顶板上面施工。

①将距伸缩缝800mm内覆盖于伸缩缝上的花、草、回填土、水泥砂浆保护层等清理干净，注意预留原防水层，以便与新防水层搭接。

②伸缩缝顶部的镀锌铝皮与混凝土交接处用防水硅硐胶密封处理。

③将伸缩缝返边根部清理干净，检查是否存在孔洞（如有，用堵漏灵将其填平），涂刷水固化聚氨酯防水涂料两遍。

④用自粘聚合物改性沥青防水卷材（湿铺法）将伸缩缝完全覆盖，注意新、旧防水层的搭接及新防水层的收口密封。

⑤施工工艺流程：将覆盖于伸缩缝上的花、草、回填土、水泥砂浆保护层清理干净至结构层→基层修补→伸缩缝顶盖板边、搭接处密封→伸缩缝返边根部涂刷水固化聚氨酯防水涂料两遍→防水卷材施工→试水→表面层结构恢复。

（2）地下室顶板伸缩缝底部统一排水施工。

①按地下室顶板伸缩缝底部缝宽加工排水槽，并将缝边混凝土清理干净。

②用防水硅硐胶将排水槽固定于伸缩缝底部，并打钉固定，排水槽与排水槽搭接处、排水槽与混凝土接口用防水硅硐胶密封，面层涂一道丙烯酸防水涂料。

③在排水槽按渗漏面积大小设置排水管，统一将水排到排水沟中。

④施工工艺流程：加工排水槽→混凝土基层清理→安装排水槽→排水槽防水密封处理→排水管施工。

94. 地下室结构裂缝渗漏如何处理？

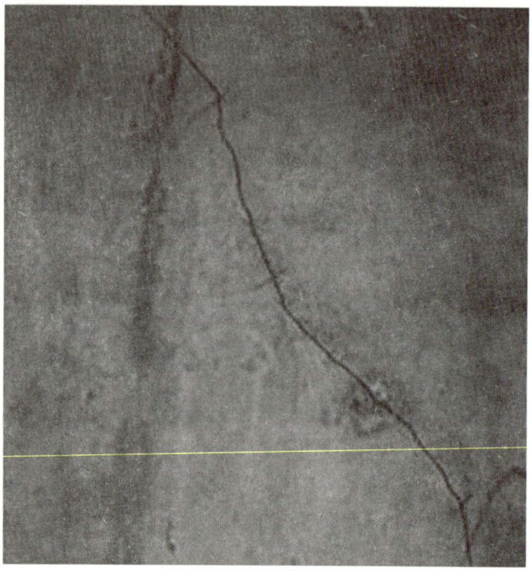

第一，漏水原因分析。

混凝土浇筑后养护时间不够、混凝土振捣不密实、后续主体沉降等原因，造成结构开裂渗水。

第二，维修施工措施。

沿裂缝凿开 30mm 宽 V 型槽，清理干净后，通过高压泵对裂缝进行化学灌浆堵漏处理，完成灌浆后分层嵌填速凝型无机防水堵漏材料，补平 V 型槽，最后沿裂缝涂刷 100mm 宽的改性环氧树脂。

第三，施工工艺流程。

沿裂缝开 V 型槽→化学灌浆堵漏处理→嵌填速凝型无机防水堵漏材料→涂刷改性环氧树脂。

95. 地下室侧墙慢渗问题如何处理?

第一，渗漏原因分析。

（1）地下室侧墙慢渗的主要原因是混凝土出现蜂窝、麻面现象。出现蜂窝、麻面现象是由于混凝土的振捣质量差或保养欠佳造成的。蜂窝、麻面所导致的慢渗现象，一般是大面积且不规则的形状。

（2）地下室侧墙出现有规则条状慢渗的原因：一是伸缩缝的返边与混凝土间存在缝隙，在防水层施工不当或破损情况下出现渗水；二是混凝土出现裂缝。

第二，渗漏维修措施。

主要通过高渗透性防水涂料和渗透结晶型防水砂浆组合使用的方式对其进行维修，并使用改性环氧树脂加固。

第三，施工工艺流程。

清理装饰层和水泥砂浆保护层直至混凝土结构层→喷涂两遍高渗透性防水涂料→涂抹 12mm 厚渗透结晶型防水砂浆→待渗透结晶型防水砂浆完全干透，涂刷改性环氧树脂。

96. 地下室电梯井渗漏如何处理？

第一，渗漏原因分析。

（1）电梯井底部或侧墙混凝土存在蜂窝、麻面和开裂等现象；

（2）电梯井底部和侧墙的新、旧混凝土结合处结合不好，出现结构裂缝；

（3）电梯井底部混凝土出现松动现象。

第二，渗漏维修措施。

电梯井如果出现慢渗现象，其处理方法同地下室侧墙。由于电梯井的水位较高、水压较大，且电梯在运作过程中基座会出现不同程度的晃动，故一般采用碳纤维布和改性环氧树脂协同加固，且表面涂刷水固化聚氨酯防水涂料两遍，进行软性密封防水。

施工工艺流程：清理电梯基坑内的积水，找出明显渗水部位→对明显渗水的部位进行打凿→清水冲洗干净基层→使用堵漏灵对明显渗水的部位进行止水→喷涂两遍高渗透防水涂料→涂抹 12mm 厚渗透结晶型防水砂浆

→待渗透结晶型防水砂浆完全干透，使用碳纤维和改性环氧树脂→刷水固化聚氨酯防水涂料一道。

97. 地下室弱电、强电井渗漏如何处理？

第一，渗漏原因分析。

电井是电缆电线敷设的预留通道。建筑物内部需要有电路，电井就是为敷设这些线管而在建筑物内部设置的井道，通过它将这些电缆送入各单元各户。弱电井是用来敷设弱电线路（缆）的一个通道。弱电井在指定的楼层会设置方便专业工作人员检查弱电线路（缆）用的检查口。弱电井所走的线主要有网络线、电话线、监控线、射频电缆、电视线等，一般弱电井走的均为信号线。强电井一般走大楼内的220V市电及高压电等交流电，但实际区分强、弱电主要是从工作电压及工作电流方面（上述两点决定了该传输线附生电磁场的强度）考虑，而不是以36V直接划分（比如，电话线电压就可达到110V，但由于是小电流工作不产生强电场，对其他系统信号线并不产生干扰，所以视为弱电系统）。强电（电力）是动力电传输，弱电（电信）是视听信号传输。强、弱电井分置，是为防止强电流通过时产生的磁场干扰视听信号，这也是工程施工时供电线不能和信号线共同穿入一条线管的原因。

电井的施工工艺采用二次预留、二次封堵技术：在主体施工阶段，在需要安装母线、桥架的地方预留孔洞；在母线、桥架安装前，根据实际母线、桥架排列位置及外部尺寸，在原预留孔洞内，确定实际预留孔洞的位置，并对原预留孔洞采用砼浇筑进行封堵。待母线、桥架安装完毕，再用防火材料将母线、桥架穿楼板处封堵严密，使之符合防火要求。故电井的主要渗漏原因是管井部位因浇筑不实或者管根部与混凝土之间分层出现裂缝导致的管井渗水、漏水。此外，由于混凝土出现蜂窝、麻面或者混凝土开裂导致的混凝土结构面渗水、漏水。

第二，渗漏维修措施。

（1）管井渗漏维修：将距管井约 300mm 的四周水泥砂浆保护层打掉，在结构板上开不小于 30mm 深的凹槽（如是背水面，防水应打到防水层），并用水清洗干净，使用堵漏灵分多次进行填堵止水，分两次涂刷水固化聚氨酯防水涂料，待水固化聚氨酯防水涂料干固后，进行表面层结构恢复。

施工工艺流程：打凿开凹槽→基层用水清洗干净→分层填堵堵漏灵→涂刷水固化聚氨酯防水涂料两遍→表面层结构恢复。

（2）混凝土渗漏维修：清理混凝土基面，喷涂两道高渗透性防水涂料，然后抹 15mm 厚渗透结晶型防水砂浆，待达到强度，涂刷改性环氧树脂加固。

施工工艺流程：混凝土表面清理干净→喷涂高渗透性防水涂料→涂抹渗透结晶型防水砂浆→涂刷改性环氧树脂。

98. 地下室顶板渗漏如何处理?

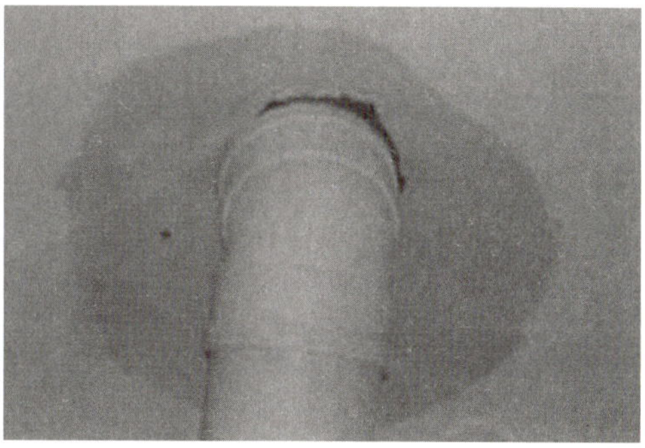

第一，渗漏原因分析。

地下室渗漏的形式有很多，主要的有裂缝渗漏、管边渗漏。裂缝渗漏的原因可能存在以下几点：

（1）防水层受裂缝的影响出现破损情况：地下室本无裂缝，在使用过程中，受到外力或温差的影响产生裂缝，将附于结构层上的防水层拉裂，出现渗漏。

（2）防水材料或施工存在质量问题：在防水工程中，一味追求利润，将防水材料以次充好用于工程中；施工时，采用路边“游击队”，在施工过程中没有按规范严格要求工人。

（3）防水层在施工完成后受到交叉作业的破坏：防水层施工完成后，应做好保护措施，严禁在防水层上通车或进行其他易破坏防水层的工作。

（4）地下室管边没有经过加强处理：管边在做防水前，应检查管道是否存在松动，管边封堵砂浆强度是否达到防水层要求。在大面积防水施工前，先进行管边加强层处理，常见办法为涂料层内置无纺布，防水卷材先做一道附加层。

第二，渗漏维修措施。

（1）裂缝正面修补法：找到裂缝位置，将原有的地下室顶板上植物、回填土、保护层及防水层等清除直至结构层，在结构层上找出裂缝，在裂缝表面刷上水固化聚氨酯防水涂料加强层（内置无纺布一层），再进行大面积水固化聚氨酯防水施工（注意与旧防水层的搭接）。

施工工艺流程：找到裂缝位置→将原有的地下室顶板上植物、回填土、保护层及防水层等清除直至结构层→找出裂缝→铺无纺布→刷水固化聚氨酯防水涂料一道→大面积水固化聚氨酯防水涂料施工（注意与旧防水层搭接）。

（2）地下室顶板反面高压化学灌浆堵漏：高压化学灌浆是利用压力设备将水泥浆、环氧树脂、甲基苯烯酸酯、聚氨酯等胶凝材料压入混凝土的裂缝中，待胶凝材料硬化后与混凝土形成一个整体，从而起到堵漏的目的。

施工工艺流程：于卫生间底部找出裂缝→预埋灌浆针头→找出裂缝→灌水溶性聚氨酯防水涂料→清除灌浆针头，并用堵漏灵密封处理→表面涂刷改性环氧树脂一道。

99. 地下室常见渗漏原因有哪些？

第一，设计原因。

（1）防水设防不足，防水方案选择不当，细部构造缺乏针对性，造成地下室渗漏。片面强调结构自防水功能，即使通过各种手段提高了混凝土本身的密实性，刚性结构仍不能抵抗诸如地震、温差变化、不均匀沉降等外力的作用，从而导致结构出现裂缝，形成渗漏通道。对具有特殊功能、处于特殊环境中的特殊部位，如后浇带、变形缝、穿墙管等细部构造，缺乏有效的、结合具体情况的防水设计，造成这些部位出现渗漏。

（2）结构设计不合理，在易变形位置未设置变形缝，造成结构开裂，以致渗漏。

第二，材料原因。

（1）柔性附加防水层选材不当，使用的防水卷材厚度太小，不耐穿刺、易损坏；涂抹防水层采用水乳型防水涂料，由于长期浸泡在地下水中，涂抹发生再乳化现象而变质，失去防水能力；选用合成高分子卷材时，未使用配套胶黏剂等。

（2）配套材料不过关。近几年虽然开发了很多新型防水材料，但有的配套材料不合格，不能保证片材之间或片材与基层间的良好黏结，引起封口不严而产生渗漏。

第三，施工原因。

（1）防水混凝土施工质量欠佳，建筑物防水应以结构自防水为主，防水材料为辅。

（2）施工缝、变形缝、后浇带、穿墙管等细部构造留设处理不当。

（3）柔性附加防水层施工质量差，防水操作工人没有严格按施工规范施工。

（4）防水层完成后，没有及时做好防水层的保护措施，管理维护不善也会造成渗漏。

100. 游泳池渗漏如何处理？

第一，渗漏原因分析。

（1）混凝土的裂缝：混凝土收缩、温度应力等原因造成混凝土结构形成微观裂缝、结构开裂变形甚至破坏，特别是蓄水池水压较大，对这些混凝土结构缺陷影响更大，更容易造成渗漏。

（2）进水口、泄水口管根等防水节点渗漏：管根防水节点未处理好，后期施工造成管口松动，破坏防水，因而造成管根部位的渗漏。

第二，渗漏维修措施。

（1）混凝土裂缝渗漏处理：对裂缝宽度小于0.2mm的裂缝用封缝胶进行封缝，封缝后粘一层200mm宽碳纤维布；对于宽度大于0.2mm的裂缝采用高压灌缝胶进行灌缝，灌缝压力不应小于0.3MPa，灌缝后粘一层200mm宽碳纤维布，在用灌缝胶灌缝前应先将裂缝及裂缝周围清理干净，以保证灌缝胶及碳纤维布与混凝土基层黏结牢固，达到更好的防水目的。

施工工艺流程：将游泳池内物品移走→清除泳池内瓷砖层、水泥砂浆保护层及防水层等直至结构层→找出裂缝→预埋灌浆针头→灌水溶性聚氨酯防水涂料→清除灌浆针头并用堵漏灵密封处理→表面涂改性环氧树脂一道→铺碳纤维布→涂刷改性环氧树脂→大面积防水施工→泳池结构恢复。

（2）进水口、泄水口管根等防水节点渗漏处理：要对管根做细部处理，采用刚柔结合防水，首先应将管根周围300mm清理至结构层，并将管根周围500mm清理至原防水层，保证清理面积足够防水搭接。用钢丝刷将灰尘等杂物清理干净。使用防水涂料与基层黏结牢固，先在管根周围喷涂高效型抗水剂，待抗水剂达到粘贴强度后，刷水泥基渗透结晶型防水涂料，抗水剂及水泥基渗透结晶型防水涂料均为刚性防水涂料，在水泥基渗透结晶型防水涂料上涂刷1.5mm厚的水固化聚氨酯防水涂料，并与原防水层搭接不低于100mm，聚氨酯防水涂料上刷2mm厚JS防水涂膜（内衬聚酯布）。水固化聚氨酯防水涂料及JS防水涂膜均属于柔性防水涂料，涂刷防水涂料时一定要达到防水要求的厚度，涂刷要均匀，这样才能保证防水质量，达到防水效果。

施工工艺流程：清除游泳池管根附近500mm瓷砖层、水泥砂浆保护层及防水层等直至结构层→喷涂高效抗水剂→涂刷水泥基渗透结晶型防水涂料→涂刷1.5mm厚水固化聚氨酯防水涂料，与原防水层搭接→涂刷2mm厚JS防水涂膜（内衬聚酯布）。